3판

생활과 안전

김상철 · 김두현 지음

도서출판 동화기술

머리말

1994년 성수대교가 붕괴된 지 거의 30년이 되었고, 2014년에는 세월호 참사가 일어났다. 국민 모두 안전에 경각심을 일깨워주는 참사였음에도 불구하고 2022년 이태원 압사사고, 광주아파트 붕괴사고, LH 건설 철근누락 아파트시공 등 계속해서 안전을 위협하고 사고로 이어지는 현상을 우리는 계속해서 경험하고 있는 실정이다. 그나마 다행인 것은 대한민국이 선진국대열에 진입하고 국민모두가 안전의식이 매우 높아졌다는 사실이지만, 그럼에도 불구하고 우리 사회의 안전의식과 안전문화 수준은 괄목할만한 성장을 이끌어내지 못하고 있는 것도 사실이다.

모 연구원에서 국민 안전의식 실태를 조사한 후 발표한 내용을 보면, 우리나라의 안전의식은 '매우 부족하다'는 응답이 50.9%, '다소 부족하다'는 응답이 44.1%로 안전의식이 매우 심각한 수준인 것으로 드러났다. 또한 개인적인 문제가 될 수 있는 승용차 뒷좌석 '안전벨트 미착용' (67.5%), '심폐소생술이 중요하지만 실습교육을 한 번도 받아본 적 없다(45%)', '소화기 사용 실습교육을 받아본 적 없다(31.1%)' 등 안전교육 측면에서도 큰 허점이 드러났다. 특히 사고 예방을 위한 교육훈련의 필요성에 대해서는 98.7%가 공감하고 있었으나, 실제로 직접 교육훈련에 참여한 유경험자는 36%에 불과했다. 전체적으로 우리나라의 안전의식 수준은 100점 만점에 17점 정도로 OECD회원국 전체에서 꼴지에 해당하는 안전의식을 가지고 있다.

안전의식 수준의 향상을 가로막고 있는 가장 큰 장애물은 다름 아닌 안전불감증이다. 안전불감증이란 어떤 위험한 상황에서 감정을 느끼지 못하고 나하고는 상관없는 것으로 치부하는 것을 말한다. 현재 우리사회는 안전불감증이 만연되어 있는 사회라 감히 제언할 수 있다. 이런 안전불감증을 해결하지 않고는 안전선진국의 꿈은 실현불가능하게 되는 것이다. 그렇다면 안전사고의 원인이 되는 안전불감증을 어떻게 해소할 수 있을까? 그 해답은 조기 안전교육에서 찾을 수 있다. 안전 선진국에서는 이미 학교에서부터 철저하게 안전교육을 실시하고 있다. 미국, 영국, 스웨덴의 경우 이미 1938년부터 현재까지 안전교육이 실시되고 있으며, 안전교육지침서와 학교용 교재를 만들어 부모가 자녀들의 안전교육을 직접 지도할 수 있도록 안전교재를 집으로 보내주는 시스템을 운영하고 있다. 우리나라도 어려서부터 안전

습관이 몸에 배일 수 있도록 유치원, 초・중・고등학생에게 의무적인 안전교육을 받도록 제도화하는 것도 하나의 방편일 것이다. 안전은 커다란 국가 프로젝트다. 문득 이런 문구가 생각난다. '안전 앞에 늘 겸손하세요'

본서의 내용을 구성함에 있어서 일반적으로 쉽고 광범위한 안전을 다루려고 하였으나 누락된 것이나 미비한 점이 없지 않으리라 본다. 이렇게 부족한 점은 앞으로 계속해서 보완 수정해 나갈 것이며, 先輩諸賢과 讀者諸位의 기탄없는 비판과 지도를 바라마지 않는다. 끝으로 생활과 안전 강의를 들어준 많은 학생들에게 고마움을 표하며, 이 책이 나오기까지 도서출판 동화기술의 호의와 적극적인 지원에 충심으로 감사함을 표한다.

개정판을 내면서

2차 개정판이 발간된 지 벌써 8년이라는 시간이 흘렀다. 이 기간 동안 만여 명의 학생이 이 강좌를 들어주었다. 진심으로 고맙다는 말을 하고 싶다. 그러나 지금 현재 대한민국은 국민소득이 3만불을 넘기고 선진국 대열에 진입했음에도 불구하고 2022년 이태원 압사사고, 광주아파트 붕괴사고 등 아직도 우리나라의 안전의식이 높지 않은 것이 사실이며, 안전선진국을 지향하기에는 에너지가 부족한 것이 사실이다. 통계적으로도 2022년 12월 말 기준 산업재해 사망자수는 2,223명이고 재해자수는 130,348명으로 아직도 다른 나라에 비해 산업재해자수가 높다.

따라서 이런 산업재해를 줄이는 방향으로 정부에서는 2022년 1월 27일 중대재해처벌법을 만들어 시행하고 있으며, 2024년 1월 27일 50인 미만 사업장의 경우 유예되었던 법 조항이 법 적용이 시행되고 있다. 본 교재에서는 중대재해 처벌법의 대상과 생긴 이유, 항목 등에 대하여 자세하게 설명하고자 했다. 본 교재가 안전의식을 고양시키고 발전시켜나가는 하나의 지렛대가 되어 안전이라는 생소한 단어에 호기심을 가지고 수강한 많은 학생들이 안전에 대한 개념을 습득하고 이를 이용하여 직장에서나 가정에서 안전의 마인드를 확립시켜 나갈 수 있다면 저자로서는 보람과 긍지를 느낄 수 있다고 자부한다. 강의하면서 많은 세월이 지나가고 새로운 법이 개정되고, 새로운 고시 등이 발표된 것들을 모아서 기존 교재를 보완하여 개정판을 내고자 하였다.

그럼에도 불구하고 미진한 부분에 대해서는 선고제현(先輩諸賢)과 독자제현(讀者諸位)의 기탄없는 비판과 지도를 바라 마지않는다.

끝으로 생활과 안전 강의를 들어준 많은 학생들에게 고마움을 표하며, 개정판이 나올 수 있도록 도와준 도서출판 동화기술의 호의와 적극적인 지원에 충심으로 감사하다는 말씀을 드린다.

목차

CHAPTER 3 사고 방지대책

CHAPTER 4 안전과 인간공학

CHAPTER 8 전기안전

CHAPTER 9 연소와 화재

CHAPTER 10 보호구

CHAPTER 11 유해성 물질

Chap 1

재해와 방지대책

1. 재해의 교훈
2. 재해와 사고
3. 안전의식

1. 재해의 교훈

대한민국 정부수립 이후 수십 년의 세월이 흐르는 동안 유독 변하지 않으면서 우리나라만의 독특한 문화가 있는데 그것은 바로 안전에 대한 잘못된 인식과 행동 그리고 그릇된 습관의 이어짐이다. 국민을 비롯하여 현장의 안전인들 모두는 이러한 재난사고가 중단되고 이 시대에 걸맞은 안전제도와 예방효과가 높은 안전기법이 개발되어 하루빨리 안전한 대한민국에서 살아가기를 희망하고 있다. 하지만 님비현상과 같이 나 자신은 비우호적인 안전활동과 관습에 밴 활동을 하더라도 누군가가 해주기를 바라며, 안전수칙이 있어도 지키지 않는 것을 스스로 긍정화하며 어쩔 수 없는 현상이라고 치부하고, 반대로 남이 지키지 않을 경우 손가락질 하는 현상은 너무 일상화 된 우리의 모습이고 현재의 우리나라 안전 현주소인 것이다.

그럼 이대로 안전은 달성할 수 없는 유리천장과 같이 그저 바라만 보고 사고는 불가피하게 일어나는 것이라고 자위하는 것만으로 모든 것이 해결될 수 있을까하는 의문이 든다. 여기에는 반드시 해결책이 있을 것이란 생각이 든다. 그 해결책으로 먼저 같은 재해를 당한 다른 나라의 예를 보면서 타산지석으로 삼는 경우이다. 안전에 대한 사례를 찾아야만 우리들의 책임과 역할 그리고 방향이 정해지기 때문이다. 과거에 대한 철저한 분석이야말로 현 시점에서 안전대책에 가장 큰 도움이 된다고 할 수 있겠다.

1.1 대형사고시 우리의 모습

세월호 침몰사고가 발생하자 온 나라가 안전에 대해 관심이 없으면 무지한 사람취급을 받을까 두려울 정도로 안전에 대해 관심이 높아졌다. 이것은 늘 보는 우리의 모습이다. 지난 30년 동안 우리나라에서 일어난 재해는 삼풍백화점 붕괴, 서해 페리호 침몰, 성수대교 붕괴, 아시아나항공기 추락사고가 발생했다. 이때에도 정부나 민간단체들은 업종을 불문하고 특별점검을 실시하고, 안전을 강화해야 한다는 명분아래 단속을 강화하고 법을 정비하곤 했었다. 그러나 그 후로도 우리나라는 여전히 하늘과 지상 그리고 해상에서 때와 장소를 가리지 않고 대형사고는 계속해서 발생하고 있다는 것이며, 더욱 중요한 것은 대형사고가 앞으로도 끊임없이 일어날 것이라고 국민들 모두는 마음속으로 생각하고 있다는 사실이다. 이러한 사실은 대형참사가 발생할 때마다 안전의 본질적인 문제를 해결하기 보다는 당장 입맛에 맞는 책임질 사람 찾기와 땜질처방만 하는 행태에서 비롯되었다고 볼 수 있으며, 이러한 관행으로 말미암아 20년 전이나 20년 후에나 또는 사고전이나 사고 후에도 늘 변함이 없다는 사실이다. 전체적인 우리나라 안전문제는 사고의 원인은 가벼운 처치만으로 안전을 확보했다는 비과학적인 생각과 말로 안전을 전달하면 모든 것이 안전해 질 수 있다는 것과 나하고는 상관없는 안전불감증의 원인을 뒤로 한 채 긴 세월 인력과 예산만 낭비하고 있는 실정이다.

1.2 대형사고의 경고

1995년 6월 우리나라는 삼풍백화점 붕괴사고가 있었으며, 비슷한 시기인 1994년 9월 스웨덴에서는 세월호 침몰 사고와 원인이 매우 흡사한 '에스토니아호 침몰사고'가 발생했다. 이 사고는 해당되는 나라에 안전에 대한 엄중한 경고를 했다. 그렇지만 이 경고를 이해하는 정부 및 국민들의 시각차가 너무도 달랐으며, 이에 따른 안전의 결과도 지금에 와서는 확연한 차이로 나타나고 있다. 결과적으로 스웨덴은 재해예방 선진국으로 거듭났고, 대한민국은 재해예방 후진국이 되었다. 이처럼 비슷한 시기에 발생한 사고를 두고 스웨덴은 경고를 아주 겸허히 정부 및 국민 모두가 일치된 힘으로 받아들였으며, 후속조치로 경고에서 사고의 원인을 찾았으며, 대책을 마련하여 영구히 추방하려는 의지를 보여 주었다. 반대로 대한민국은 경고라 생각지 않았고 사람의 기억은 자연히 멀어진다는 희귀한 논리 아래 임시적 처방만을 해온 결과 여전히 세월호 침몰사고와 같은 대형참사가 발생하고 있는 것이다. 사고를 대충 땜질식으로 수습하면 대형참사는 언제든지 발생한다는 경고를 무시하지 말아야 한다. 지금 현재 2022년 대한민국의 사고만인율은 1.10 ‱로서 2012년 0.96보다도 더 높은 수치를 나타내고 있다. 이것은 OECD회원국 전체 낮은 순위에 해당한다고 볼 수 있다.

1.3 안전시스템의 수립

광주아파트 붕괴사고, 세월호 침몰 사고, 고양터미널 화재사고, 서울지하철사고 등 이러한 사고들은 우리사회에 만연돼 있는 안전불감증의 진면목을 보여주고 있다. 안전을 등한시한 결과가 얼마나 큰 피해로 다가올 수 있는지를 그대로 보여주고 있는 것이다. 그러나 여기서 더 중요한 것은 이들 사고가 빙산의 일각에 불과하다는 것이다. 지금 현재에도 공사현장과 제조업 현장에서는 안전사고가 계속해서 일어나고 있으며, 전국 학교건물에는 위험요소가 너무 많아 잠재적 위험군으로 분류해도 무방할 정도이며, 소방시설 등이 제대로 갖춰지지 않는 다중이용시설도 너무 많아 나열하기 힘들 정도이다. 세월호 참사와 비슷한 사고들이 언제든 발생해도 전혀 이상하지 않는 것이 지금 우리나라 안전 현주소로서 2022년 이태원 압사사고가 대표적이고, 같은 해에 광주아파트 붕괴사고가 발생했다는 것이다.

이렇게 되기까지 우리나라는 1960년대 이후 급속하게 산업근대화가 추진되면서 위험을 줄이고 사고를 예방하기 위한 안전시스템(안전조치, 안전교육 등)은 철저히 무시되었다라고 감히 언급한다. 그 결과, 사고가 발생하더라도 약간의 사후 비용 정도만 지불하면 된다는 인식으로 말미암아 안전은 불편한 사실로 인식되고 여기에 더해 사후 비용마저 줄이기 위한 편법과 불법이 난무했던 것이 사실이다. 이제는 이러한 잘못된 관행을 없애는 것이 무엇보다 중요한 시점에 와 있다. 이러한 현실을 기반으로 2022년 1월 27일 중대재해처벌법이 제정되어 법 제도는 더 강화된 방향으로 운영되고 있으며, 이를 통하여 사회적 약자인 근로자들이 산업현장에서 안전하게 일 할 수 있는 시스템을 갖추고 법을 어긴 사업주는 큰 처벌을 받게 함으로써 안전이 근본적으로 확보될 수 있도록 안전시스템을 갖추어가고 있다.

1.4 안전교육의 필요성

대한민국이 선진국에 진입하고 안전에 대한 관심과 강화된 법 제정에도 불구하고 본능적인 문제를 안고 있는 안전의식과 국민 전체에 만연된 안전불감증을 해소하기 위해서는 최고의 해결책이 안전교육의 강화, 확대라는 것을 부인할 수 없다. 따라서 체계적인 학교안전교육이 정규 교육과정으로 신설되어야 한다. 이래야만 안전의식의 체질화, 생활화가 가능한 것이다. 이런 시스템을 기본으로 더 나아가 위험을 인지하고, 안전을 몸에 습득하게 하는 것이 안전교육의 궁극적인 목적을 달성하는 지름길이라는 것을 반드시 알아야만 한다. 또한 산업체에서의 안전교육은 단기적으로는 산업안전보건법에 규정돼 있는 안전교육을 더욱 강화해야 하며, 전국의 학교에서는 유치원생부터 고등학생까지를 대상으로 안전교육을 정기적으로 실시하거나 안전을 학교 정규교과목에 편성할 필요가 있는 것이다. 그리고 전국의 대학과정에 안전이라는 교양과목을 반드시 이수해야만 졸업이 가능한 졸업인증제를 신설하여야 한다. 이러한 안전교육 시스템을 이수하면 국민 누구나 안전이 해도 되고 안 해도 되는 선택의 항목이 아니라 반드시 우리 생활에 필수적인 단어라는 것을 인식하게 될 것이다. 이런 시스템을 기본으로 해야 우리나라 안전시스템의 초석이 다져지는 것이다. 여기서 중요한 것은 안전교육이 단순히 재난사고가 발생했을 때를 대비한 모의훈련에 그쳐서는 안 되며, 어릴 때부터 안전의식이 생활화될 수 있도록 지속적인 교육과 훈련을 실시하여야 한다는 사실이다. 조기 안전교육의 중요성이 사회적인 공감대를 얻고 있는 이때 국가안전처의 탄생과 발맞추어 우리나라 안전교육을 정착시켜야 할 것이다. 이때를 놓치면 우리나라는 영원히 안전후진국에서 벗어날 수 없을 것이다.

여기에 하나 더 첨언하면 산업안전 기술·기준은 기술의 발전, 사고·재해 발생현황, 산업분야 전반에 걸친 제반사정의 변화 등을 배경으로 부단한 진화를 한다. 이를 위해서는 ILO와 같은 국제기구와 안전선진국의 안전기준·정책 변화와 진행과정을 주의 깊게 살펴보면서 지속적으로 법과 제도에 반영하여야 한다. 그렇지 않으면 선진국과의 안전거리는 가까워지기 어려우며 오히려 점점 멀어지게 되고 체계적인 산업안전이 아닌 우리가 늘상 해오던 임시방편적인 산업안전이 될 수밖에 없다.

2. 재해와 사고

2.1 재해와 사고

재해란 일반적으로 재앙으로 인해 사람이 상해를 입는 것이지만 보통 천재(자연재해)와 인재(인위재해)로 나누어진다. 지진, 해일, 폭풍 등은 현재의 과학기술로서 방지할 수 없지만 이들에 의한 피해의 방지 내지 경감은 예보나 예지 기술 등의 발달로 어느 정도 가능하다. 산업 현장에서의 근로자 재해는 전형적인 인재로 원칙적으로는 전부 미연에 방지할 수 있다. 또 미연에 방지하는 것이 안전 관리의 목적이다.

안전 관리면에서 재해의 정의를 정확히 말한다면 ILO의 국제노동통계 회의에서 채택된 것이 있다. 즉,「재해란 사람(근로자)이 물체, 물질 또는 타인과 접촉하든지 또는 사람이 물체 또는 어떤 환경 조건하에 놓이든지, 또는 사람의 행동에 따라 그 결과로 인해 사람의 상해를 동반하는 사건이다」라고 하는 것이다.

한편 사고라고 하는 의미는 무엇인가. 미국의 안전 권위자인 R.P. Blake는「사고란 당면하는 사상의 정상적인 진행을 저지 또는 방해하는 사건이다」라고 정의하고 있다. 이것은 광의(廣義)의 정의이며, 상해 유무를 논하지 않고 예정대로 일이 진행되지 않는 어떠한 사건에 부딪친 사실을 말하기 때문에 자동차가 교통마비 때문에 예정시각에 목적지에 닿지 못했든가 부품의 기계공작에서 치수를 잘못하여 불량품을 만든다든가 하는 것도 이 정의에서 말하는 사고이다.

그러나 안전 관리에서의 사고는 이것보다는 좁다. 선반에서 공작 중에 잭이 빠져 부품이 튀어나간 경우에는 근로자가 닿으면 상해를 받는다. 이 경우 부품이 튀어나간 사건을 '사고'라고 부르고 근로자에 닿아 그가 상해를 받은 사건은 '재해'이다. 근로자에 닿지 않고 상해를 받지 않았다면「부품의 비래」라고 하는 사고일 뿐이다. 그러므로 산업 재해란 사고로 근로자가 상해를 받는 사건을 말하지만, 안전 관리를 대상으로 하는 사고는「당면하는 사람의 정상적인 진행을 저지 또는 방해함으로써 사람에게 상해의 위험을 일으키게 하는 사건」이라고 정의할 수 있다.

또한 작업 중에 근로자에게 상해는 없었지만 근로자 이외의 제삼자에게 피해를 주는 일이 있다. 예를 들면, 빌딩의 건축공사 중에 물품이 도로 위에 낙하하여 통행인에게 상처를 입혔거나 입히려고 했었다는 사건도 안전 관리 대상이 되는 사고인 것은 물론이다. 여기서 안전에 관한 이해를 돕기 위하여 용어를 알기 쉽게 정리하면 다음과 같다.

1) 용어의 정의

① 조직(Organization)

사업을 운영하는 체계, 자원, 기능 등을 갖추고 있는 회사, 기업, 연구소 또는 이들의 복합집단을 말하며 사업장으로 표현할 수도 있다.

② 사건(Incident)

유해・위험요인의 자극에 의하여 사고로 발전되었거나 사고로 이어질 뻔했던 원하지 않는 사상(Event)으로서 인적・물적 손실인 상해・질병 및 재산적 손실뿐만 아니라 인적・물적 손실이 발생되지 않은 아차사고를 포함한 것을 말한다.

③ 사고(Accident)

유해・위험요인(Hazard)을 근원적으로 제거하지 못하고 위험(Danger)에 노출되어 발생되는 바람직스럽지 못한 결과를 초래하는 것으로서 사망을 포함한 상해, 질병 및 기타 경제적 손실을 야기하는 예상치 못한 사상(Event)을 말한다.

④ 유해・위험요인(Hazard)

유해・위험을 일으킬 잠재적 가능성이 있는 것의 고유한 특징이나 속성을 말한다.

⑤ 유해위험요인 파악(Hazards Identification)

유해요인과 위험요인을 찾아내는 과정을 말한다.

⑥ 위험(Danger)

유해・위험요인(Hazards)에 상대적으로 노출된 상태를 말한다.

⑦ 위험성(Risk)

목표에 대한 불확실성의 영향이다. 유해・위험요인이 부상 또는 질병으로 이어질 수 있는 가능성(빈도)과 중대성(강도)을 조합으로도 표현된다.

⑧ **위험성 평가(Risk Assessment)**

유해·위험요인을 파악하고 해당 유해·위험요인에 의한 부상 또는 질병의 발생 가능성(빈도)과 중대성(강도)을 추정·결정하고 감소대책을 수립하여 실행하는 일련의 과정을 말한다.

⑨ **허용 가능한 위험(Acceptable Risk)**

위험성 평가에서 유해·위험요인의 위험성이 법적 및 시스템의 안전요구사항에 의하여 사전에 결정된 허용 위험수준 이하의 위험 또는 개선에 의하여 허용위험수준 이하로 감소된 것을 말한다.

⑩ **안전(Safety)**

유해·위험요인이 없는 상태로서 정의할 수 있지만 현실적 산업현장 또는 시스템에서는 달성 불가능하므로 현실적인 안전의 정의는 유해·위험요인의 위험성을 허용 가능한 위험수준으로 관리하는 것으로 정의할 수 있다.

⑪ **근로자**

조직의 관리 하에 작업하거나 작업과 관련된 활동을 수행하는 사람을 말한다.

⑫ **참여**

의사결정에 개입함을 의미한다. 참여는 산업안전보건위원회와 근로자 대표가 존재한다면 근로자 대표도 포함된다.

⑬ **협의**

의사결정을 하기 전에 의견을 구하는 것을 의미한다. 협의는 산업안전보건위원회와 근로자 대표가 존재한다면 근로자 대표도 포함된다.

⑭ **작업장(Workplace)**

근로자 및 이해관계자가 일을 해야 하거나 일을 목적으로 갈 필요가 있는 조직의 관리 하에 있는 장소를 말한다. 현장으로 표현할 수도 있다.

⑮ **최고경영자/최고경영진**

안전보건경영시스템이 적용되는 조직의 최고 계층에서 조직을 지휘하고 관리하는 사람 또는 사람의 집단을 의미한다.

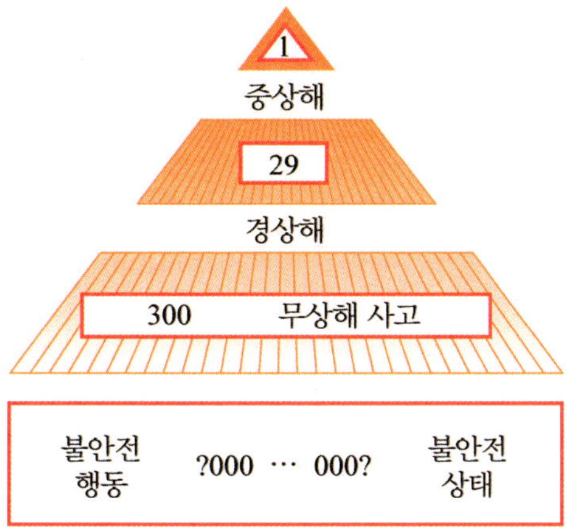

그림 1-1 중상재해의 연계성(H. W. Heinrich)

사고와 재해와의 관련을 명백히 하기 위해 미국의 안전기사 하인리히(H.W. Heinrich)가 발표했던 「1 : 29 : 300의 법칙」은 유명하다. 즉, 1회의 중상재해가 발생했다고 하면 그 사람은 같은 원인으로 29회의 경상 재해를 일으키고, 또 같은 성질의 무상해 사고를 300회 동반한다고 하는 것이다. 그림 1-1은 그 저서에 게재된 것으로 중상 재해의 저변에는 다수의 경상재해와 무상해 사고가 있고, 더욱이 무수한 불안전 행동과 불안전 상태가 있다고 하는 것이다. 또 높은 곳에서 작업 중에 물품이 떨어져 바로 밑의 근로자가 머리를 다치면 사망으로 이어지지만, 바로 밑에 사람이 없으면 물건의 낙하 사고만으로 그치게 되는 것이다. 폭발사고가 일어났지만 시설의 파괴 · 화재의 규모, 사상자의 발생의 유무는 그때의 조건에 의한다. 재해라고 하는 결과의 크기로 사고의 중대성을 평가하는 것은 잘못이며 안전의 기본은 사고 그 자체를 방지하는 것이다.

2.2 안전사고 대책

현실적으로 사람이 존재하고 활동하는 곳에서 사고와 재해가 발생하는 것을 완전히 피할 수는 없다. 그리고 사람-기계시스템이 동작을 하는 경우 인간은 언제든지 위험을 느낄 수 있다. 현실적으로 사고와 재해가 제로가 되는 안전은 있을 수 없다는 말이다. 따라서 위험을 허용할 수 있는 수준까지 낮게 제어하는 것이 안전관리의 현실적인 목표가 될 것이다.

1) 사고 발생의 연쇄성(W.H. Heinrich의 Domino 이론)

하인리히는 재해의 원인에서 발생에 이르는 과정을 5단계로 정리하였다.

① 사회적 환경 및 유전적 요소(선천적 결함)
② 개인적 결함(인간의 결함)
③ 불안전한 행동 및 불안전한 상태(기계적·물리적 위험성)
④ 사고
⑤ 재해

그림 1-2에서와 같이 각 요소는 상호 밀접한 관련성을 가지고 있기 때문에 한쪽에서 쓰러지면 다른 것에도 영향을 미쳐 연속적으로 모두 쓰러지는 것과 같이, 사고 발생은 선행 요인에 의해서 일어나고 이들 요인이 겹쳐서 연쇄적으로 생긴다.

하인리히는 사고 예방의 핵심 문제로서 제3의 요인인 불안전한 행동(unsafe act)과 불안전한 상태(unsafe condition)의 제거에 중점을 두어야 한다는 것을 강조하고 있다.

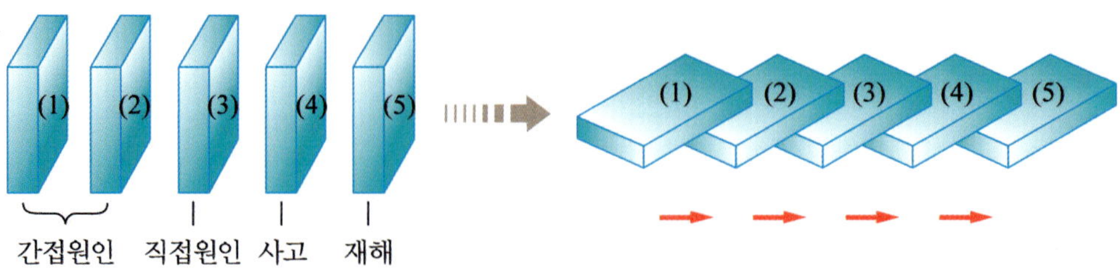

그림 1-2 골패에 의한 사고발생의 연쇄과정

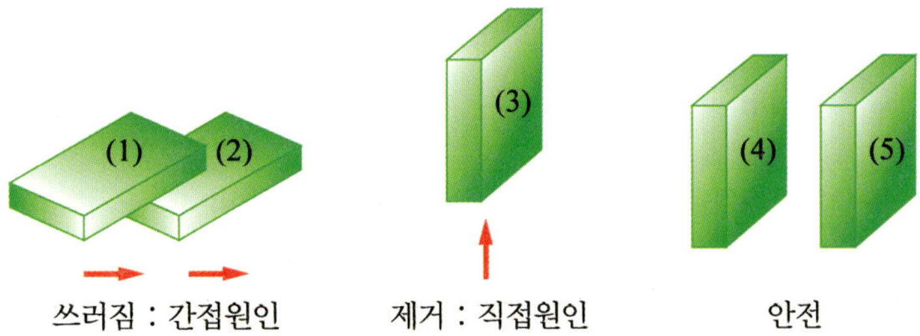

그림 1-3 불안전한 행동 및 상태의 제거

인간-기계시스템의 재해는 그 원인을 크게 기계·설비 장치 자체가 가지고 있는 불안전상태로 인한 위험과 사람이 원인이 되는 불안전행동에 기인하는 두 가지 재해로 구분된다. 이 두 가지 재해에 대한 안전대책은 어떤 것이 있을까?

먼저 사람이 모든 사고원인에 대해 칙임을 진다면 재해 발생에 대한 책임을 가려 처벌을 해야 한다. 그러나 사람에 대한 처벌만으로는 안전에 대한 근본적인 해결책이 되지 않는다. 지금까지 우리나라에서 항상 해오던 방식의 하나이다. 즉 사고가 나면 항상 처벌만을 능사로 처리 해왔기 때문에 아직도 안전후진국이라는 오명을 쓰고 있는 것이다. 여기서 중요한 것은 처벌보다는 오히려 재해의 원인을 철저히 규명하고 근본적인 대책을 강구하는 것이 중요하다. 재해의 재발을 방지하려면 먼저 사고의 원인을 명백히 조사하는 것이 중요하다. 이 경우 1차적인 원인 규명으로 결론지으면 안 되고, 2차적인 원인까지를 규명해야 재해의 근본적인 원인을 찾아낼 수 있다.

이처럼 안전사고에 대한 대책이 사람만을 대상으로 하는 근로자교육, 작업자세, 작업환경, 작업절차, 관리적 차원의 안전관리 등에 의해 결정되는 것이 아니라 모든 종업원이 철저한 안전관리 실행과 높은 주의력이 모두 확보 되어야만 가능한 것이기에 사람에 대한 대책만으로는 재해를 방지하는 것으로는 부족하다. 인간은 모두 주의와 부주의를 동시에 가지고 있으므로 사람은 언제나 실수를 한다는 가정 하에 근원적인 대책으로 물리적인 대책을 함께 세워야 한다. 사람의 행동에 의존하는 관리적인 대책은 이러한 대책을 취하는 것이 곤란할 때 보충적으로 선택되어야 한다.

3. 안전의식

경제협력개발기구(OECD) 주요 회원국 가운데 우리나라 근로자들의 안전의식은 가장 낮은 수준으로 나타났다. '취업자의 안전의식 국제비교'라는 보고서는 우리나라를 비롯해 영국, 미국, 칠레, 네델란드, 독일, 호주 등 OECD 15개국 근로자 1만 여명을 대상으로 '안전중시도' '안전체감도' 등을 분석한 결과가 담겨있다. 참고로 안전 중시도는 '안전한 곳에서 생활하는 것이 중요하다는 인식하는 정도'를 의미하며, 안전체감도는 '자신이 현재 거주하고 있는 이웃과 동네에 대해 안전하다고 느끼는 정도'를 말한다.

보고서에 따르면 우리나라 근로자의 안전중시도는 41.2%로 15개국 가운데 12위에 머물렀고, 근로자들의 안전체감도 역시 68.6%로 15개국 가운데 13위로 최 하위권에 속해 있다. 보통의 경우 안전체감도가 낮은 국가는 안전중시도가 높고, 안전체감도가 높은 국가는 안전중시도가 낮은 경향을 보여 왔는데 우리나라는 이 두 가지 모두 낮은 것으로 나타났다. 이는 우리나라 사람들은 안전하지 않다고 느끼고 있으면서도 정작 안전을 중요한 가치로 인식하지 않는 심각한 안전불감증에 모두 빠져 있다는 결과이다.

또 다른 문제는 정신노동자가 육체노동자보다 일반적으로 안전중시도가 낮게 나타나는데 우리나라의 경우 지적노동을 하는 근로자들의 안전의식은 47.1%으로 육체노동을 하는 근로자(42.7%)로 보다 높은 것으로 조사됐다. 학력별로는 고졸이하(40.9%) 근로자의 안전중시도가 대졸이상(41.6%)보다 낮은 것으로 나타났다. 이 결과는 우리나라 근로자들의 안전불감증이 심각하다는 것을 말해주고 있는 것이다. 이는 하루아침에 해결될 수 없는 문제이나 앞서 기술한 안전시스템의 확립과 안전교육이 선행된다면 안전의식은 제고될 것으로 확신한다.

위와 같은 원인으로 말미암아 우리나라 재해 통계를 보면 2008년부터 2012년까지 최근 5년간 연평균 2156명이 산업현장에서 사망하고, 3만 6777명의 재해자가 발생하고 있다. 이로 인한 경제손실추정액도 2008년 17조 6286억원, 2011년 18조 1269억원, 2012년 19조2564억원 등으로 매년 상승하고 있다. 이에 따라 좀 더 우리가 안전의식이 성숙한 사회로 거듭나기 위해서는

첫째로 유치원 때부터 창조적인 안전교육을 실시하여야 한다. 미래의 사회구성원으로서 안전이 남에 대한 배려라는 것을 중요한 가치로 인식시켜야 한다는 것이다. 이는 곧 교육을 통해 가능하다.

둘째로 안전을 확보하기 위해서는 돈과 시간이 필요하다는 것을 명심해야 한다. 그동안 우리나라는 산업중심의 정책을 펴온 결과 대부분의 공장들은 신설할 때부터 안전보다는 생산성을 고려한 설계가 전부였다. 그만큼 사고가 날 개연성이 크다는 것이다. 여기에 한국적 정서가 가미되어 온정주의로 안전규정을 지키는 것보다 벌금이나 과태료를 내는 것이 더 경제적이라는 사업주의 인식도 안전을 후순위로 미뤄내고 있는 원인가운데 하나다. 즉, 사업주가 법을 지키지 않으면 손해라는 인식을 갖도록 제도를 더 강화하고, 사업주의 확고한 안전의식을 바탕으로 안전에 대한 대대적인 투자가 이루어 질 수 있도록 분위기를 조성해야 한다.

셋째로 안전을 바라보는 정치권과 언론의 시각이 바뀌어야 한다. 우리 사회에서는 각종 사고가 발생하면 근원적인 안전대책을 마련하기보다는 지극히 지엽적인 문제에 더 신경을 쓰고 있는 것이다. 행사 시 안전요원이 있느니 없느니, 만약 있다면 안전요원의 말을 잘 듣는지, 규정이 있느니 없느니 만 가지고 방송하거나 정치권에서 문제를 삼는다. 그리고 온통 피해자들의 보상 쪽에 더 많은 관심이 가지고 있는 것이 사실이다. 이번 세월호 참사 이후에도 근원적으로 유사사고의 재발을 막는 법안들이 216일 동안 지체된 것이 대표적인 예이다. 국민들이 보다 편안하고, 안전하게 살 수 있도록 삶의 환경을 바꾸는 것이 정치와 언론의 본래 임무라는 것을 명심해야 한다.

넷째로 근로자가 안전규정을 지키지 않을 경우에도 강하게 규제할 필요가 있다. 산업안전보건법 제6조에는 "근로자는 이법과 이법에 따른 명령으로 정하는 기준 등 산업재해 예방에 필요한 사항을 지켜야 하며, 사업주 또는 근로감독관, 공단 등 관계자가 실시하는 산업재해 방지에 관한 조치에 따라야 한다."라고 명시되어 있다. 하지만 산업현장에서 많은 근로자들은 안전수칙을 등한시하고 과태료를 물리면 화를 내고 억울하다는 근로자(운전자가 운전 시 안전벨트를 안 맨 경우 과태료를 내는 경우와 비슷한 경우임)들이 많다. 안전사고로 인한 피해는 근로자 자신에게 돌아간다는 것을 알아야 한다.

마지막으로 하청업체 근로자에게 유해위험정보를 제공하고 미숙련 상태에서 설비 유지보수작업에 투입하지 말아야 한다. 다행인 것은 하청업체 직원이 사고를 유발해도 원청이 책임진다는 법이 정해졌다. 이를 계기로 현장의 관리감독을 더욱 철저히 하도록 제도화하고 현장에서 안전수칙을 성실히 지켜나가는 선 안전 후 작업이 정착되어야 한다. 이러한 것이 지켜질 때 우리나라는 안전선진국으로 거듭 태어날 수 있을 것이다.

Chap 2

안전의 의의

1. 안전의 개념
2. 안전목표
3. 안전의 가치
4. 기업경영과 안전의 역할
5. 생산성과 재해손실
6. 산업재해 경제적 손실
7. 중대재해처벌법
8. 적용범위와 시행시기

1. 안전의 개념

우리 일상생활 중에서 안전의 목적을 달성하기 위해 접근하는 방법으로서 가장 바람직한 것은 여러 가지 형태로 존재하는 「위험」들을 근원적으로 제거하여 주는 것이다. 그러나 이들 위험은 대부분 여러 가지의 형태로 존재하고 있어 이것들을 근원적으로 제거하는 것은 쉽지가 않다. 따라서 근원적으로 위험을 제거하는 것이 곤란한 경우에는, 이러한 위험이 존재함으로써 사고가 발생할 가능성이 어느 정도인가를 예측하여, 어떠한 방법으로 이 가능성을 감소시킬 것인가 하는 문제가 중요한 관점으로 대두된다. 사고발생의 가능성인 위험성이 감소되면 상대적으로 안전성이 증가하기 때문에 그만큼 사고방지와 재해예방의 효과를 얻을 수 있게 되는 것이다.

위험이 발견되었을 때 제일 먼저 고려해야 할 안전조치는 **근원적인 안전조치**이다. 이것은 위험에너지의 양을 위험하지 않은 정도로만 사용하든가 또는 위험원을 구조적이나 성능적으로 변형 또는 대체하여서 처음부터 위험하지 않도록 해주는 조치로서, system을 설계하는 과정에서 Fail Safe와 Fool proof의 개념이 기본적으로 포함되도록 안전설계를 하는 조치이다. 이 조치는 인간의 불안전한 행동이 어느 정도 존재하더라도 설비측면에서 근원적으로 안전을 유지해주기 때문에 안전에서는 가장 바람직한 안전조치로 보고 있으며, 적극 권장하고 있는 조치이기도 하다. 그러나 이 조치는 많은 설비투자를 요구하는 부담이 있다.

근원적인 안전조치가 매우 곤란할 때 다음으로 취할 수 있는 안전조치는 **방호적인 안전조치**이다. 이것은 위험에너지에 대해서 격리와 차단의 기본개념을 가지고 접근하는 방법이다. 이것은 위험에너지가 노출되는 부분을 덮개, 가드, 울타리 등으로 덮거나 막아서 작업자나 다른 기계・설비가 서로 접촉하지 못하도록 하든가 또는 안전장치를 부착하여 에너지의 상태가 위험한 상황으로 되는 것이 감지되면 기계・설비나 공정이 정지하도록 하여 안전을 유지하는 방법으로, 현재 우리나라의 각종 작업 현장에서 널리 활용되고 있는 안전조치이다.

위의 두 가지 조치가 모두 곤란한 경우 마지막으로 취할 수 있는 안전조치는 **보호적인 안전조치**로서, 이것은 작업자에게 각종 보호장구를 착용하도록 하는 것이다. 그러나 보호장구의 착용은 습관이 들지 않은 사람에게는 상당히 불편을 주기 때문에 보호장구를 착용하고 작업을 한다는 것은 습관이 들 때까지 상당한 노력 없이는 매우 어려운 일이다. 따라서 가능한 한 보호장구가 필요 없는 작업장을 만들기 위해 노력해야 하며, 이러한 노력으로도 도저히 해결할 수가 없어 보호장구를 착용할 수밖에 없는 상황이 되면 모든 가능한 방법을 총동원하여 작업자들이 보호장구를 착용하고 작업에 임하도록 하여야 한다.

앞에서 언급한 세 가지의 안전조치는 위험도를 낮출 수 있는 직접적인 안전조치이지만, 이와는 달리 위험을 직접 통제하지는 않지만 이에 못지않은 중요한 안전조치가 있는데 그것은 다름 아닌 **간접적인 안전조치**로서의 **표시적인 안전조치**이다.

위험을 확인하기 어려운 장소나 착각하기 쉬운 곳, 또는 발견된 위험이 당분간 방치될 수밖에 없는 상황이 전개되었을 때는 이에 대한 위험을 다른 사람에게 알릴 수 있도록 하는 안전표지를 설치한다. 사람은 자신을 보호하려는 자기방어 본능이 있기 때문에 위험이 있다는 것을 알려만 주어도 바로 안전한 행동을 유도해 낼 수 있다. 그러나 이러한 안전표지는 시간이 지나면 그 효과가 떨어지므로 그 이전에 위험자체를 통제하는 직접적인 안전조치를 반드시 강구하여야 한다.

한편, 안전표지에는 위험에 대한 표지뿐만 아니라 주의, 지시, 안내 등의 표지도 있으며, 이러한 각종 표지들은 안전교육의 역할을 대신할 수도 있는 중요한 의미를 함께 가지고 있다.

2. 안전목표

안전관리의 기본적 목표는 말할 것도 없이 **휴머니즘(Humanism)**, 즉 인도적 신념의 실현이다. 따라서 안전관리는 인간존중의 개념에서 출발되어지는 것이다.

우리 인간, 특히 우리나라 사람들은 나와 내 가족, 친구 이외에는 모두 적으로 생각하는 경우도 많고, 나 아닌 남이라는 개념이 무척이나 강한 집단이다. 따라서 나 이외에 다른 사람이 다치는 것에 대해서는 어느 정도는 무관심하게 된다. 그러나 내 자식, 내 부모의 경우에 있어서 안전에 대한 배려가 너무 지나치다 싶을 정도로 집착하는 예는 얼마든지 있다.

작업장이든 가정이든 서로가 서로를 존중해 가는 인간존중이야 말로 안전의 기본적인 개념이 되는 것이다. 어느 작업장이나 가정 내에서 보면 반드시 그 환경이라는 것이 존재하는데, 예를 들어 같은 작업을 하는 직장 내에서도 A, B, C조가 있는 경우 각 조장의 지도력에 따라 조의 분위기가 달라지는 것을 알 수 있으며 내가 속한 집단에서 보이지 않았던 부분에 대하여 동경의 대상이 되기도 한다.

기업은 경영에 이익을 가져오도록 생산이나 관리를 한다. 그렇게 하지 않으면 기업경영의 의미를 가질 수가 없다. 그러나 사고로 인한 설비의 파손이나 작업자의 사상이 발생되면 생산이나 작업 능률이 현격하게 저하되는 것을 알 수 있다. 이런 일이 반복될 경우 기업의 생산성은 떨어질 것이 명약관화하며 기업이 주는 신뢰감도 떨어지기 때문에 기업경영에 막대한 손실이 되어 돌아온다는 것을 알아야 한다.

그러므로 안전은 경영관 이상의 문제이며 설비 및 작업 방법을 안전화 하는 것은 제품의 품질 향상과 생산의 능률, 신뢰도를 향상시키는 것이 된다. 직장의 재해 방지 때문에 작업상의 무리 폐단, 헛됨을 없애는 것은 안전 관리 활동의 큰 과제이지만 그것은 또 경영관리의 중요한 테마이기도 하다.

미국에서 1900년대 초반에 제창되었던 「안전제1, 품질제2, 생산제3」의 슬로건은 바로 이러한 인식에 기초하는 것이다. 더 나아가서 2000년 밀레니엄 시대에는 「안전제1, 안전제2, 안전제3」이라는 슬로건으로 내세워야 할 때이다.

3. 안전의 가치

우리나라 국민들은 아직도 안전을 가벼운 관점에서만 바라보는 경향이 강하다. 안전한 작업환경을 조성하는데 소요되는 투자와 관심을 지금까지 잘못된 관행으로 비롯된 비용편익효과 측면에서만 바라보고 투자한 만큼의 효과가 나지 않으며, 심지어는 안전에 대한 투자가 손실이라고 판단하는 어리석은 판단을 해왔다. 그동안 많은 산업체가 안전에 대해 별다른 노력을 하지 않은 상황에서도 재해가 발생하지 않았다는 관점에서 안전관리의 필요성을 크게 느끼지 못하는 것도 문제다. 이것은 사람의 본성을 자세히 알게 되면 자연히 수긍할 수 있는 문제가 아닌가 싶다. 우리는 자주 안전의 주체는 '사업주이다'라는 말을 자주하곤 한다. 이것은 사업주가 안전에 대해 관심을 가지고 투자해야 한다는 생각이지만 정작 사업주의 관심은 다르다는 것을 알아야만 한다. 사람의 심리에는 일반적으로 복권을 산 경우 모두 당첨될 것을 꿈꾸지만, 사고를 목격한 경우에 있어서는 순간적으로 조심하여야 한다는 생각이 들더라도 조금의 시간만 지나면 나에게는 똑같은 사고가 절대 일어나지 않을 것이라는 생각을 갖게 되는 것이다. 이것은 너무나도 사람의 본질이기 때문에 잘못된 생각이 아니다. 여기서 더 내용을 확대해 보면 사업주가 위험에 노출되는 경우가 근로자보다 훨씬 적거나 거의 없기 때문에 안전은 나하고 상관없는 내용이 되어 버리는 것이다. 이러한 생각이 지배적인 사업주에게 안전의 투자는 비생산적이라는 결론을 내리게 되는 것이다. 어쩌면 당연한 결과인지도 모른다. 마치 배부른 사람이 배고픈 사람 심정을 헤아리지 못하는 내용과 같은 경우이다.

그러나 우리는 모두 이런 본질적인 문제를 뒤로 하고 공허한 비 실현적인 안전의 중요성만 입으로 외치고 있는 실정이다. 그렇다면 이에 대한 해결책은 영원히 없는 것인가? 우리나라는 영원히 안전후진국으로 남아야만 하는 것인가? 먼저 이 문제를 해결하기 위하여 무엇이 있는지 살펴보기로 하자

"우리나라가 선진국입니까?"라는 질문에 "네"라고 대답하는 국민이 몇 %일까 생각하면, 경제규모로는 분명히 선진국 수준인데 선뜻 선진국이라는 말을 하지 못하는 것은 아마도 우리나라 국민성에서 찾아볼 수 있을 것이다. 나 이외에 모두를 적으로 생각하는 적개심, '나만 아니면 돼'라는 자기 이기적 중심의 사고방식, 공공장소 등에서 남을 전혀 배려하지 않는 비 배려감, 규정을 지키라고 하면 화부터 내는 우격다짐의 성질, 그리고 지키지 않는 것이 마치 잘 하고 있는 것인 양 우쭐해하는 자만심 등은 단연 전 세계적으로 으뜸인 나라가 되고도 남는다는 생각이 든다.

그렇다면 안전선진국으로 가는 방법은 이미 나와 있는 것이다. 위에 제시한 내용을 가지고 반대로 하면 되는 것이다. 나보다는 남을 생각하는 이타심과, 종업원을 진짜 가족처럼 여기는 배려감, 규정을 잘 지키는 국민이 되면 이 모든 것이 안전선진국으로 나아가는 하나의 방편이 되는 것이다. 이러한 마음을 가지게 하기 위해서 어려서부터 안전에 대한 교육이 선행되어야 한다는 것은 이미 잔소리일 뿐이다.

4. 기업경영과 안전의 역할

안전은 생산공정에서 꼭 필요한 조건의 하나이며, 또한 인간과 설비 모두가 안전이 확보됨으로써 생산성이 향상되므로 안전과 생산은 서로 밀접한 관계가 있다. 기업에서 생산이 원활하지 않고 생산성이 떨어지고 있다면 현장에 잠재위험 요인이 존재하고 있다는 증거이다. 따라서 원활한 생산활동을 위해서는 생산라인에 있는 설비(건축물 포함)의 문제점과 생산자(사람)의 불안전한 행동 유발 등이 생산현장에서 제거됨으로써 그 목적을 달성할 수 있는 것이다.

4.1 안전관리

안전관리란 생산성의 향상과 손실(loss)의 최소화를 위해 재해로부터 인간의 생명과 재산을 보호하기 위한 계획적이고 체계적인 제반 활동을 말하며, 산업안전은 생산성 측면에서 그림 2-1과 같은 효과가 있다.

그림 2-1 안전과 생산성의 관계

4.2 생산과 안전

기업에서 생산과 안전은 다음과 같은 밀접한 관계가 있다.

① 안전은 생산성 향상의 기본이다.
② 안전은 인간관계를 향상시킨다.
③ 안전은 생산목표 달성의 척도가 된다.
④ 안전은 불필요한 경비지출을 제거시켜 비용 절감의 근원이 된다.

5. 생산성과 재해손실

5.1 생산성과 재해손실의 관계

① 생산에 투입된 제반요소인 투입물이 감소되고 생산제품이 증대되어 부가가치가 증가될 때 생산성이 높아진다.
② 재해는 인건비, 원재료의 손실이나 설비, 기계기구의 고장과 이에 따른 비용 등을 말한다.
③ 생산성 향상은 재해를 일으킬 수 있는 위험을 사전에 제거하고 최소화하는 것이다.

5.2 재해손실비용과 발생이론

재해손실비용이란 업무상의 재해로 인하여 직·간접적으로 발생하는 경제적 손실을 입은 일체의 손실비용이라 할 수 있다.

1) 재해의 종류

① 물적손실과 인적손실

- 물적손실 : 설비 · 기계기구 등 재산상의 근로손실
- 인적손실 : 근로자의 부상, 사망 등으로 인한 근로손실

② 직접손실과 간접손실

- 직접손실 : 산재보상기준에 따라 피해자에게 지급되는 산재보상비
  예) 휴업보상비, 장해보상비, 요양보상비, 장의비, 유족보상비, 유족특별보상비 등
- 간접손실 : 직접비의 재산손실, 생산의 저해 등에 의해 사업자가 받은 손실
  예) 상병 문병금, 추가 퇴직금, 제품 피해, 원료 손실 등

2) 하인리히의 재해발생이론

1927년 하인리히가 발표했던 내용으로, 재해개념을 처음으로 확립시킨 내용이었으나 현재에 와서는 삶의 질이나 환경이 그 시절의 상황과 현저하게 바뀌었다. 따라서 1927년의 기준치를 그대로 사용한다는 것이 다소 문제가 있으나 현재까지 재해손실에 대한 뚜렷한 해법이 나와 있지 않으므로 노동부 및 그 밖의 산하단체들은 이 개념을 그대로 사용하고 있다. 하인리히의 재해손실 계산법은 다음과 같다.

총 재해손실 = 직접비 + 간접비

① 간접비 산출이 어려울 때에는 직접비의 4배로 간접비를 추정한다.

② 우리나라에서도 이 방식을 적용하고 있다. 그러나 업종에 따라 사업장에 일률적으로 적용한다는 것은 문제가 있으며, 시몬즈 방식 등 다른 방법 등이 사용되고 있다.

6. 산업재해 경제적 손실

산업재해로 인해 발생한 경제적 손실 추정액은 최근 7년간 159조원에 달하는 것으로 나타났다. 2018년 이후 산업재해자수는 매년 10만 명 이상 발생하고 있고, 산업재해 사고로 인한 사망자도 5,983명에 달했다. 대부분 건설업(2,813명)과 제조업(1,393명)에서 사망사고가 발생했다.

고용노동부에 따르면 산업재해로 인한 경제적 손실 추정액은 2015년 20조원에서 2016년 21조, 2017년 22조, 2018년 25조, 2019년 29조, 2020년 30조원, 2021년(5월말 기준) 13조원으로 최근 7년간 꾸준한 증가세를 보이고 있는 것으로 나타났다.

1) 전체 산업재해 발생현황

2022년 12월 말 기준으로 전체 산업재해 발생현황에서 사망자와 재해자를 분석해보면 사망자수는 2,223명으로 전년 동기 대비 143명(6.9%) 증가하였으며, 이것을 사고사망자와 질병사망자로 분류하면, 사고사망자수는 874명으로 전년 동기 대비 46명(5.6%) 증가하였고, 질병사망자수는 1,349명으로 전년 동기 대비 97명(7.7%)이 증가되었다. 또한 사망자는 '건설업'(539명, 24.2%)에서 가장 많이 발생하였으며 특히 5인 미만 사업장(224명)에서 많이 발생한 것으로 나타났다.

재해자수는 130,348명으로 전년 동기 대비 7,635명(6.2%)이 증가하였으며, 이것을 사고재해자수와 질병재해자수를 분류하면 사고재해자수는 107,214명으로 전년 동기 대비 4,936명(4.8%) 증가하였으며, 질병재해자수는 23,134명으로 전년 동기 대비 2,699명(13.2%) 증가된 것으로 나타났다. 재해자는 '기타의 사업'(37.4%), '제조업'(24.2%), '건설업'(24.0%)에서 많이 발생하였다. 또한 재해유형을 보면 떨어짐(322명, 36.8%), 부딪힘(92명, 10.5%), 끼임(90명, 10.3%), 교통사고(79명, 9.0%), 물체에 맞음(57명, 6.5%) 순으로 많이 발생하였고, 질병종류별로는 뇌심질환(486명, 36.0%), 진폐(472명, 35.0%), 직업성암(205명, 15.2%) 순으로 많이 발생하였다.

7. 중대재해처벌법

중대재해처벌법은 기업의 안전보건조치를 강화하고 안전투자를 확대하여 중대산업재해를 예방하여 종사자의 생명과 신체를 보호하는 것을 목적으로 하며 이 법은 2022년 1월 27일부터 시행한다. 이 법이 갖는 주요내용을 간추려 설명하면 다음과 같다.

1) 중대재해처벌법 특징

- 사업주 또는 경영책임자 등이 안전 및 보건 확보의무를 위반하여 1명 이상 사망하는 '중대산업재해'가 발생하는 경우, 사업주 또는 경영책임자에게 사망에 대하여는 1년 이상의 징역 또는 10억원 이하의 벌금', 부상 및 질병에 대하여는 '7년 이하의 징역 또는 1억원 이하의 벌금' 부과
- 또한, 안전 및 보건 확보의무를 위반한 법인이나 기관은 사망사고의 경우 '50억원 이하의 벌금형'으로, 부상 및 질병의 경우 '10억원 이하의 벌금형으로 처벌
- 징벌적 손해배상제도를 도입하여, 사업주와 법인 등이 고의 또는 중대한 과실로 안전 및 보건 확보의무를 위반하여 중대재해 발생 및 손해를 입힌 경우 손해액의 5배까지 배상책임

  → 중대재해처벌법 적용대상에서 '상시근로자 5인 미만의 사업장은 제외되며, 상시근로자 50인 미만의 사업장은 3년의 적용 유예하였으나 2024년 1월 27일 전면적으로 시행하고 있음(현재 5인 미만은 제외)
- 이번 중대재해처벌법에는 공중이용시설 또는 공중교통수단 등에서 발생하는 사고의 처벌을 위해 '중대시민재해' 개념을 도입하고, '중대시민재해'로 인한 사업자나 법인 등에 대한 처벌 내용은 '중대산업재해'와 동일

  → 다만, 상시근로자 10인 미만의 소상공인, 초·중·고등학교를 포함한 교육시설, 시내버스 등 일부는 적용 대상에서 제외

2) 중대재해란? [제2조]

- "중대재해"란 "중대산업재해"와 "중대시민재해"를 말한다.
- "중대산업재해"란 산업안전보건법 제2조 제1호에 따른 산업재해 중 다음 각 목의 어느 하나에 해당하는 결과를 야기한 재해를 말한다.
  ① 사망자가 1명 이상 발생
  ② 동일한 사고로 6개월 이상 치료가 필요한 부상자가 2명 이상 발생
  ③ 동일한 유해요인으로 급성중독 등 대통령령으로 정하는 직업성 질병자가 1년 이내에 3명 이상 발생
- "중대시민재해"란 특정원료 또는 제조물, 공중이용시설 또는 공중교통수단의 설계, 제조, 설치, 관리상의 결함을 원인으로 하여 발생한 재해로서 다음 각 목의 어느 하나에 해당하는 결과를 야기한 재해를 말한다.
  ① 사망자가 1명 이상 발생
  ② 동일한 사고로 2개월 이상 치료가 필요한 부상자가 10명 이상 발생
  ③ 동일한 원인으로 3개월 이상 치료가 필요한 질병자가 10명 이상 발생

3) 안전 · 보건 확보의무 대상 [제2조]

- 중대재해처벌법에서는 "사업주 및 경영책임자 등"에 안전 및 보건 확보의무를 부과한다. "사업주"는 자신의 사업을 영위하는 자, 타인의 노무를 제공받아 사업을 하는 자를 말하고, "경영책임자 등"은 사업을 대표하고 사업을 총괄하는 권한과 책임이 있는 사람 또는 이에 준하여 안전보건에 관한 업무를 담당하는 사람이다. 또한 중앙행정기관, 지방자치단체, 지방공기업, 공공기관의 장도 해당된다.

4) 어떤 안전 및 보건 의무사항 [제4조]

- 사업주 또는 경영책임자등은 사업주나 법인 또는 기관이 실질적으로 지배 · 운영 · 관리하는 사업 또는 사업장에서 종사자의 안전 · 보건상 유해 또는 위험을 방지하기 위하여 그 사업 또는 사업장의 특성 및 규모 등을 고려하여 다음 각 호에 따른 조치를 하여야 한다.
  ① 재해예방에 필요한 인력 및 예산 등 안전보건관리체계의 구축 및 그 이행에

관한 조치
② 재해 발생 시 재발방지 대책의 수립 및 그 이행에 관한 조치
③ 중앙행정기관 · 지방자치단체가 관계 법령에 따라 개선, 시정 등을 명한 사항의 이행에 관한 조치
④ 안전 · 보건 관계 법령에 따른 의무이행에 필요한 관리상의 조치

5) 도급, 용역, 위탁 등 관계에서의 안전 및 보건 의무 [제5조]

- 사업주 또는 경영책임자등은 사업주나 법인 또는 기관이 제3자에게 도급, 용역, 위탁 등을 행한 경우에는 도급업체의 종사자에게 중대산업재해가 발생하지 않도록 안전 · 보건 관계 법령에 따른 의무이행에 필요한 관리상조치를 해야 한다. 다만 사업주나 법인 또는 기관이 그 시설, 장비, 장소 등에 대하여 실질적으로 지배 · 운영 · 관리하는 책임이 있는 경우에 한정한다.

6) 처벌내용 [제6조, 제7조]

- 사업주 또는 경영책임자 등이 안전 및 보건 확보의무를 위반하여 산업재해로 인해 사망자가 1명 이상 발생한 경우 1년 이상의 징역 또는 10억원 이하의 벌금에 처한다. 동일한 사고로 6개월 이상 치료가 필요한 부상자가 2명 이상 발생하거나, 동일한 유해요인으로 급성중독 등 대통령령으로 정하는 직업성질병자가 1년 이내에 3명 이상 발생한 경우에는 7년 이하의 징역 또는 1억원 이하의 벌금에 처한다.
- 법인 또는 기관의 경영책임자등을 벌하는 외에 그 법인 또는 기관에게 사망자가 1명 이상 발생한 경우 50억원 이하의 벌금형을, 동일한 사고로 6개월 이상 치료가 필요한 부상자가 2명 이상 발생하거나, 동일한 유해요인으로 급성중독 등 대통령령으로 정하는 직업성질병자가 1년 이내에 3명 이상 발생한 경우에는 10억원 이하의 벌금형을 과한다. 다만, 법인 또는 기관이 안전 및 보건의무 위반행위를 방지하기 위해 해당 업무에 관하여 상당한 주의와 감독을 게을리 하지 않은 경우에는 그렇지 않다.

7) 손해배상의 책임 [제15조]

- 사업주 또는 경영책임자 등이 고의 또는 중대한 과실로 안전 및 보건의무를 위반하여 중대재해를 발생하게 한 경우, 해당 사업주, 법인 또는 기관이 중대재해로 손해를 입은 사람에 대하여 그 손해액의 5배를 넘지 않는 범위에서 배상책임을 진다. 다만, 법인 또는 기관이 해당 업무에 관하여 상당한 주의와 감독을 게을리하지 아니한 경우에는 그러하지 아니하다.

8. 적용범위와 시행시기 [제3조, 부칙 제1조]

상시 근로자가 5명 이상인 사업 또는 사업장의 사업주 또는 경영책임자 등에게 적용한다. 이 법은 공포(2021.1.26) 후 1년이 경과한 2022년 1월 27일부터 시행한다.

Chap 3
사고 방지대책

1. 불안전한 상태와 불안전한 행동
2. 사고방지를 위한 시정책
3. 위험요소 제거 방법

1. 불안전한 상태와 불안전한 행동

노동부가 실시했던 산업 재해서 불안전한 상태가 원인이 되어 재해가 발생한 것은 전체의 83%, 불안전한 상태에 불안전한 행동이 겹쳐 발생한 재해는 그림 3-1에서와 같이 78%라는 결과가 나왔다. 그러므로 재해의 대부분은 불안전 상태와 불안전 행동이 서로 겹쳐서 발생하고 있는 것이다.

불안전한 상태란 재해 내지는 사고를 일으킬 것 같은, 또는 그 요인을 만들어 낸 물리적인 상태 혹은 환경을 말하며, 불안전한 행동이란 재해 내지는 사고를 일으킬 것 같은, 또는 그 요인을 만들어 낸 근로자의 행동을 말한다. 불안전한 행동 중에는 무의식중에 불안전한 행동을 해버린 경우라든지 무의식적으로 불안전한 행동을 하는 경우도 있다. 노동부에 의한 불안전 상태 및 불안전 행동의 분류는 표 3-1 및 표 3-2와 같다.

또한 결과가 불안전한 행동이라고 보이는 것이라도 감독자의 지시대로 행동했다든지, 지정된 작업 순서가 잘못되어 있었기 때문에 불안전 행동을 한 경우에는 불안전한 상태로 분류해서 「작업 방법의 결함」의 항목에 해당하는 것으로 다루도록 되어 있다.

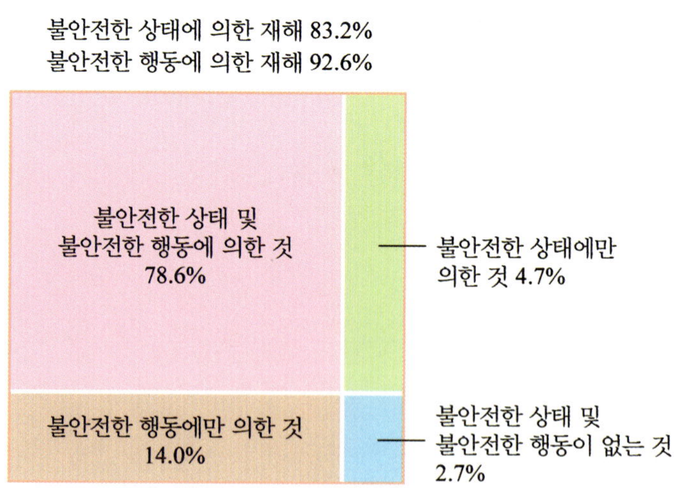

그림 3-1 불안전 상태에 의한 재해와 불안전 행동에 의한 재해와의 관계

즉, 사람의 행동 오류를 전부 사람의 원인으로 돌리는 불안전 행동이라고 생각하지 않고 시스템적인 결함 때문에 일어난 것은 불안전 행동으로서 다루지 않아야 한다는 사고방식이다.

마찬가지로 보호구·복장의 결함에 관해서도 사업장에 문제가 있는 경우에는 불안전한 상태로, 근로자의 쪽에 문제가 있는 경우에는 불안전한 행동으로 분류하는 것으로 되어 있다.

표 3-1 불안전한 상태

물자체의 결함	설계 불량, 구성재료 공작의 결함, 노후, 피로, 사용한계, 고장 미수리, 정비불량, 기타
방호 조치의 결함	무방호, 방호 불충분, 접지 또는 절연 없음·불충분, 차폐 없음·불충분, 구간·표시의 결함, 기타
물건을 두는 방법, 작업장소의 결함	통로가 확보되어 있지 않음, 작업장의 공간 부족, 기계·장치·용구·집기 등의 배치 결함, 물건을 두는 방법의 부적절, 물건을 쌓는 방법의 결함, 물건을 세우는 방법의 결함, 기타
보호구·복장 등의 결함	신발을 지정하고 있지 않음, 기타 보호구를 지정하고 있지 않음, 기타 복장을 지정하고 있지 않음
작업환경의 결함	환기의 결함, 기타 작업환경의 결함
부외적, 자연적, 불안전한 상태	물 자체의 결함(부외의), 방호 조치의 결함(부외의), 물건을 두는 방법·작업장소의 결함(부외의), 작업환경의 결함(부외의), 교통의 위험, 자연의 위험
작업 방법의 결함	부적당한 기계·장치의 사용, 부적당한 공구·용구의 사용, 작업 순서의 오류, 기술적·육체적인 무리, 안전의 불확인(이전의), 기타
기타 및 분류 불능	기타의 불안전한 상태, 불안전한 상태가 없는 것 분류 불능

※ 고용노동부의 분류 방식에 의한다.

표 3-2 불안전한 행동

안전장치의 무효화 • 안전장치를 제거하여 무효화 한다. • 안전장치의 조정을 잘못한다. • 기타 방호물을 없앤다.	보호구, 복장의 결함 • 보호구를 사용하지 않는다. • 보호구의 선택, 사용방법의 오류 • 불안전한 복장을 한다.
안전조치 불이행 • 불의의 위험에 대한 조치 불이행 • 기계·장치를 갑자기 움직인다. • 신호확인 없이 차를 움직인다. • 신호 없이 물을 움직이거나 또는 방치한다. • 기타	위험 장소 등에 접근 • 움직이고 있는 기계, 장치 등에 접근 또는 닿는다. • 매단 짐에 닿는다든지 또는 그 아래로 들어가거나 또는 접근한다. • 위험 유해한 장소에 들어간다. • 확인을 하지 않고 무너지기 쉬운 물에 근접 또는 접촉한다. • 불안전한 장소에 올라서다. • 기타
불안전한 방치 • 기계·장치 등을 운전한 상태에서 그곳을 떠난다. • 공구, 용구, 재료, 찌꺼기 등을 불안전한 장소에 둔다. • 기타	기타의 불안전한 행위 • 도구 대신에 손 등을 사용한다. • 짐 사이를 통과 아래를 통과한다. • 확인하지 않고 다음 동작을 한다. • 손으로 전하는 대신에 던진다. • 뛰어내리고 뛰어오른다. • 불필요하게 달린다. • 짓궂은 장난, 못된 장난을 한다. • 기타
위험한 상태의 조장 • 짐 등을 지나치게 쌓는다. • 섞어서는 위험한 것을 혼합한다. • 소정의 것을 불안전한 것으로 바꾼다. • 기타	
기계, 장치 등의 지정 외의 사용 • 결함이 있는 기계·장치, 공구, 용구 등을 사용한다. • 기계·장치, 공구, 용구 등의 선택을 잘못한다. • 기계·장치 등을 지정외의 방법으로 사용한다. • 기계·장치 등을 불안전한 속도로 움직인다.	운전의 실패(타는 것) • 스피드를 너무 많이 낸다. • 기타의 불안전한 행동
운전 중의 기계, 장치 등의 청소, 주유, 수리, 점검 등 • 운전 중의 기계, 장치 • 통전 중의 전기 장치 • 가압되어 있는 용기 • 가열되어 있는 것 • 위험물이 들어있는 것 • 기타	잘못된 동작 • 짐 등의 지나친 소지 • 물건의 지탱 방법의 잘못 • 물건을 붙잡는 방법이 확실하지 않다. • 물건의 미는 방법, 당기는 방법의 잘못 • 올리고 내리는 방법의 잘못 • 기타 - 기타 및 분류 불능 - 기타의 불안전한 행동 - 불안전한 행동이 없는 것 - 분류 불능

※ 고용노동부의 분류 방식에 의한다.

2. 사고방지를 위한 시정책

2.1 주요학설

1) 하인리히의 5단계설

그는 과학과 기술의 체계로서 안전관리의 기틀을 삼았고, 5단계 시정책을 주장하였다.

① 조직
② 사실의 발견
③ 분석
④ 시정책의 선정
⑤ 시정책의 적용

2.2 조직

하인리히는 「사고방지상 대부분의 가치 있는 방법은 생산고, 가격 및 품질관리를 위하여 요구되는 방식과 기능이 같아야 한다」고 그의 공리에서 밝힌 바 있듯이, 가장 생산적이며 품질이 양호한 값비싼 제품을 제조하는데 필요 불가결한 방식과 기능을 그대로 안전관리 면에서도 적용할 것을 강조하였다. 그러한 의미에서 안전조직도 생산과 품질의 향상 발전 및 능률의 제고에 기여할 수 있어야 한다.

Point

안전관리의 일반적 조직원칙
① 라인 시스템(Line System) – 안전 전문성이 결여되기 쉽다.
② 스태프 시스템(Staff System) – 라인의 협조를 얻기가 힘들다.
③ 라인 및 스태프 시스템(Line and Staff System) – 대규모의 기업체에 유리하다.

2.3 시정책

1) 하아비의 3E 시정책

사고방지원칙에서 이미 언급한 바와 같이 하아비의 3E로 널리 알려진 시정책에는 안전교육(Education), 안전공학(Engineering) 및 안전단속(Enforcement)에 걸친 광범위한 대책이 포함되어 있다.

2) 하인리히의 시정책(4M)

하인리히는 다음 네 가지의 시정책을 제시하고 있다.

① 공학적 개선 : 기계, 장비, 물자, 공구, 공간, 조명, 열, 배치, 환・배기, 관련절차 및 방침 등에 대한 대책이 포함된다.

② 교육, 설득 및 호소 : 정보결여, 오해 및 필요성의 결여 등에 대한 대책

③ 인사조정 : 부적합 심리적 태도를 교정함으로써 개인을 조정하는 대책

④ 징계 및 기강의 확립 : 고의로 안전 규칙을 범하는 사람에 대한 강제대책이라 하겠다.

인간의 불안전한 행동 원인에 알맞도록 그 시정책을 선정하는 것이 필요하므로 기계적 또는 물리적 환경의 결함과 관련된 원인에 대하여는 모름지기 공학적 개선책을 취해야 할 것이며, 전문 지식이나 기술이 부족한 미숙련자에 대하여는 교육과 설득 또는 호소를 하여 이해를 돕고 결의를 새롭게 하며, 필요한 정보를 적시에 제공해 줌으로써 자신과 의욕을 불어넣어야 한다.

또한 부적합한 태도를 가지고 있는 사람에 대하여서는 심리적인 교정방법을 써서 그릇된 태도를 끈질기게 바로잡아야 하며, 신체적으로 부적합한 불구의 사람에 대하여는 적합한 장소를 찾아주기 위하여 일자리에 대한 배치를 바꿔주고 의료 및 심리요법이나 공학적 정책까지도 널리 동원하여 제 구실을 하도록 만반의 대책을 강구해 주어야 한다.

표 3-3 산업 재해의 기본원인으로서의 4M

Man 인간대책	Media 작업대책	Machine 설비대책	Management 관리대책
① 사기양양 ② 위험예지 ③ 인간관계 ④ Leadership ⑤ Team-Work ⑥ Communication	① 작업정보 ② 작업자세 ③ 작업방법 ④ 피로방지 ⑤ 작업환경	① 안전설계 ② 위험방호 ③ 본질안전화 ④ 표준화 ⑤ 표시장치나 조작기기 ⑥ 점검장비	① 조직 ② 규정기준 ③ 계획 ④ 적성배치 ⑤ 평가 ⑥ 교육훈련 ⑦ 지도감독 ⑧ 직장활동 ⑨ 건강관리

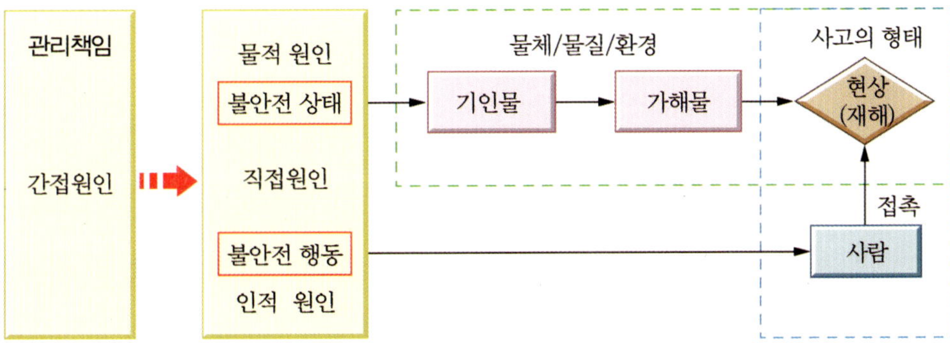

그림 3-2 산업재해의 발생요인

3. 위험요소 제거 방법

3.1 동종재해 방지

산업안전보건법 제 1조에 의하면 '산업안전 · 보건에 관한 기준을 확립하고 그 책임의 소재를 명확하게 하여 산업재해를 예방하고 쾌적한 작업환경을 조성함으로써 근로자의 안전과 보건을 유지 · 증진함을 목적으로 한다.'라고 되어 있다. 여기서 주목할 것은 '산업재해를 예방하고'라는 문구인데 실제로는 우리가 알지 못하는 사고는 미연에 방지할 수 없으며, 그에 대한 대책 또한 수립하기가 매우 곤란하다. 그렇다면 우리가 알고 있는 안전대책은 사실은 동종의 재해를 알고 그것을 미연에 방지하자는 것이 올바른 안전대책일 것이다.

1) 동종재해의 반복 이유

재해와 위험은 잡초와 같아서 뿌리를 뽑지 않으면 또 다시 자라난다. 다시 살아난 잡초는 동종(同種)의 재해가 되고, 이 동종의 재해가 반복되어 결국 대형사고가 발생하는 것이다. 때문에 재해 완전정복의 최우선 순위를 동종의 재해를 영구히 제거하는 것에 두어야 한다. 이렇게 했을 때만이 안전한 일터가 만들어진다.

그렇다면 왜 자꾸 동종의 재해가 반복되고 있는 것일까? 한 마디로 표현하면 '잘못돼 있었다'라는 것이 해답이라고 할 수 있다. 구습과 악습만 답습했던 우리들의 잘못이 있었고, 효과를 알 수 없는 잘못된 예방대책의 시행과 검증되지 않은 잘못된 예방행동을 반복해서이다. 그래서 20년 전 고소작업대에서 작업 중 발생한 추락사고가 현재에도 발생하고 있고, 자재인양 중 자재가 낙하하여 사망하는 재해도 여전히 발생하고 있다. 실습과 행동위주의 안전교육보다 안전교육장에 집합하여 졸음을 부르는 안전교육 방식도 마찬가지고, 반드시 해야 하는 재해예방활동보다는 점검대비가 더 우선돼 있는 것도 그 이유다. 안전전문가인 안전관리자는 조직의 계급에 얽매여 하면 안 될 것을 강요당하고 있다. 이러한 것들이 우리의 현실 가까이에 있기에 재해와 사고가 반복하여 발생하고 있는 것이다.

2) 동종재해가 예방되지 못한 이유

동종재해는 위험에 대한 무지와 예방하고자 하는 의지의 부족에서 비롯되었다고 할 수 있다. 여기에는 다음과 같은 몇 가지 고질적인 이유가 있다.

① 착각하고 있다.

위험은 늘 우리 곁에 있고, 사고는 잠시라도 우리를 기다려주지 않건만 '나는 아니겠지'라고 착각하고 있다.

② 매뉴얼 만능주의에 빠져 있다.

아직도 산업재해가 발생하면 수습하기에만 급급하지 재발방지를 위한 예방대책 수립은 뒷전으로 두고 있다. 사고의 본질적인 원인분석과 대책수립 없이, 땜질식 응급조치에만 그치고 있으며, 비전문가가 전문가에게 허술하게 수립된 대책을 시행하라고 지시하는 경우도 많다.

③ 그때뿐이다.

계획으로 그치는 경우가 많고, 실천하는 행동으로 연결되지 않는다.

④ 냄비 현상

대형참사가 발생하면 당연하다는 듯 일시에 특별점검을 실시해서 벌금 또는 과태료 처분을 하는 구습과 악습은 여전하고, 추락사고가 발생하면 단순히 안전망 하나 정도 설치해놓고 마치 '할 일을 다 했다'는 식의 구태도 여전하다. 현장에서도 점검이 끝나면 지적사항 몇 건 시정해서 보고할 뿐 지속적인 관심은 없다. 회사 경영진도 점검결과에만 관심이 있을 뿐이지 사람목숨을 생산관리보다도 가볍게 생각하는 것 같다. 덕분에 현장의 근로자 안전은 뒷전이 되고 점검준비에만 온 심혈을 기울이고 있다.

3) 동종재해 예방대책 전제조건

사고와 재해는 갑작스럽게 발생하지 않는다. 하인리히의 주장(경상이 자꾸 누적되면 사망사고로 이어진다)처럼, 동종의 재해가 반복되면 대형참사로 이어진다. 이 논리를 역순으로 보면, 동종의 재해를 예방하면 대형참사도 예방된다는 결론을 내릴 수 있다. 위험을 제거하여 동종재해의 반복을 멈추고자 한다면 다음 몇 가지부터 시급히 개선하는 것이 중요하다.

첫째로 우리들의 잘못된 습관부터 고쳐야 한다. 비전문가가 전문가를 지도하는 말도 안 되는 잘못과 그냥 무조건 강요만 하는 지시, 설계 자체의 잘못과 모순 있는 제도의 잘못을 타파하여야 한다. 둘째로 위험을 제대로 알아야 한다. 위험을 알아야 효과 높은 위험 제거방법도 강구할 수 있다. 과거에 있었던 사고가 어떤 형태로, 어느 장소에서, 어떠한 이유로 발생하였는지, 그 당시 조치한 예방대책은 적절하였는지를 분석한 후 위험제거에 적합한 예방대책을 수립해 시행하여야 한다. 셋째로 위험을 제거하는 도구와 수단을 만들어 실천하여야 한다. 어떠한 도구와 수단이든 에러(Error)가 있기 마련이고 시행착오도 있기 마련이지만, 중단하거나 실패를 두려워하지 말아야 한다. 지속적으로 실천하여 잘못된 부분을 개선하는 노력을 한 후에야 완성되는 것이다. 위험(위험요소)을 잘 알고 난 후에 적합한 예방대책을 수립하여 행동할 때 비로소 재해가 예방된다.

4) 동종재해 대책수립

대형참사가 주는 경고에서 우리는 교훈을 얻어야 한다. 사고에 대한 대처도 중요하지만, 사고 발생 후 우리가 어떻게 행동해야 재해가 재발되는 것을 예방할 수 있는지를 알아야 된다. 위험은 늘 우리 곁에 있고 사고는 잠시라도 우리를 기다려주지 않음을 잊지 말아야 하고, 본래 목적인 재해 예방활동에 충실하기 위해서는 매뉴얼 만능주의에서 탈피하고, 실천가능하고, 반드시 해야 하는 행동의 구분이 있어야 하겠다.

동일 형태로 추락사고가 반복하여 발생하였다면 반드시 그 문제와 원인이 있기 마련이다. 그럼에도 우리는 원인 알기와 이에 알맞은 대책수립에 소홀히 해왔다. 우리가 위험알기를 소홀히 하였기에 잘못된 것에 의한 잘못의 시행으로 사고도 반복해 발생하였던 것이다. 위험(위험요소)을 잘 알고 난 후에 적합한 예방대책을 수립하여 행동해야 한다.

3.2 동종재해 예방 - 위험성평가

앞서 기술하였듯이 동종재해를 예방하려면 매뉴얼 만능주의에서 탈피하여 실천가능하고, 반드시 해야 하는 표준안전수칙을 만들어야 한다. 즉흥적으로 아무렇게나 만들어서 시행하라고 강요하지 말고 이제부터는 재해예방 효과 여부를 분석하고, 관찰하여 검증의 결과로 만들어진 예방기법을 발굴 보급하여야 하며, 만드는 것에 그치지 말고 반드시 실천하는 것에 중점을 두어야 한다. 이러한 것의 도구와 수단은 위험을 알아보는 도구로서의 위험성 평가가 있다. 이를 검증하여 가장 적합한 예방대책이 완성되어지도록 하는 시스템안전 활동을 수단으로 삼아야 한다. 그래야만 위험이 제거되고, 동종재해 반복발생이 중단되며, 나아가 대형사고가 예방되는 것임을 명심하자. 위험성 평가는 2015년 3월 12일을 기준으로 모든 사업장에서 의무적으로 해야 하는 사항이다.

1) 잠재위험 발견의 도구

사고・재해 예방활동은 잠재된 위험요소를 찾아내는 것부터 시작된다. 잠재위험 발굴은 어느 특정한 사람이 하는 것이 아니라 관계자 모두가 동참해야 하는 것이며, 작업 전에 미리 위험을 제거하여 안전한 작업장을 확보하는 것과 근로자 개개인 모두가 위험을 미리 숙지하여 적절히 대처하는 데에 그 목적이 있다. 또한 미처 예견치 못한 사고(응급)발생에 대비하여 스스로 대처할 수 있도록 평소에 응급 시 대처 훈련을 실시하는 것도 병행되어야 한다.

2) 비상(응급)시 대비 대응훈련

우리는 언제 닥칠지 모르는 재난상황에 대비하여 준비하여야 한다. 준비과정은 교육과 훈련의 계획수립으로 어느 정도 안전을 확보할 수 있다. 안전교육은 언제나 일어날 수 있는 상황을 가정하여 작성된 시나리오 중심으로 개인별 역할과 책임이 강조된 내실 있는 교육이어야 하며, 이러한 교육이 실제 상황에서 행동으로 나타날 수 있도록 반복훈련이 이루어져야 효과가 나타날 것이다.

3) 시스템 안전활동

위험성평가 실시 이후 대개의 작업장의 경우 치고(안전망), 막고(개구부), 걸고(안전대)의 재해예방활동을 하고 있다. 즉, P (Plan : 계획 수립) → D (Do : 계획 시행) → C (Check : 시행여부 확인) → A (Action : 지속적 개선) 순으로 기술안전 활동을 시행하고 있는 것이다. 현장의 경우 이것은 재해예방 효과가 어느 정도 있다고 할 수 있겠다. 다만, 아쉬운 것은 거의 모든 작업장이 일회성에 그쳤고, 개선・보완하는 행동(Action)이 없기 때문에 동종재해가 반복하여 발생하여도 정확한 재해원인 규명이 부족했기 때문에 동종재해가 계속해서 발생하고 있는 것이다.

우리들의 재해예방 활동은 궁극적으로 위험요소를 영구 추방하는 데에 목적을 두고 있다. 그러나 P－D－C－A 절차 중 P－D－C에 한정되고 있는 기술안전 활동으로는 이 목적을 달성할 수 없다. 안전망을 설치하였음에도 산업재해가 발생하고, 강도 높은 특별점검을 실시하였지만, 사망 사고자수와 동종의 재해자수도 증가하였기 때문이다. 안전조치를 하였음에도 동종재해가 반복하여 발생하는 것은 재해예방 조치 이후 지속적인 개선이 이루어지지 않았기 때문이다.

따라서 이러한 문제를 해결 할 수 있는 것이 시스템 안전활동이다. 시스템 안전활동은 P－D－C (기술안전 활동 범위)에 국한된 기존의 안전활동에서 활동(Action)을 더한 피드백의 실시로 미비사항을 보완하여 당초 목적인 위험요소의 영구추방을 실현하는 재해예방효과가 탁월한 예방기법이다.

Point

생활 속의 안전, 그 누구도 예외가 없습니다.

1. 어느 전문 기술자의 추락사고

1) 사고개요

△△△ 사무실에서 근무하는 ○○○씨는 전기, 전화 등을 설치 보수하는 전문 기술직으로 ××장소에 전화설치 건으로 출장을 가서 전봇대에 올라가 작업 중 추락・사망했다.

2) 사고원인 및 내용

사고자(당시 42세)는 사무실에서 10년 이상을 근무한 전문기술직으로 그 분야에서는 박사로 통할 정도로 업무에 밝을 뿐 아니라 기술직으로서 타인이 할 수 없는 임무를 충실히 수행 중 ××면에 전화설치 건으로 전봇대에 올라 허리에 두르는 안전띠(사람허리와 전봇대를 이어주는 띠)를 전봇대에 걸친다는 것이 헛두르는 바람에 전봇대 맨 위에서 추락 사망하는 사고가 발생했다.

3) 교훈 및 대책

안전은 아무리 강조해도 지나치지 않다. 순간적인 실수 또는 방심으로 발생한 사고로서, 원숭이도 나무에서 떨어진다는 말이 있듯이 전문기술직으로서 오랜 경험과 실력이 있음에도 사고가 발생할 수 있음을 보여주고 있다. 즉, 늘 하던 일도 방심하지 말고 장비 점검 및 사전 준비가 얼마나 필요하고 작업 시 안전사고에 대한 의식이 얼마나 중요한지를 일깨워주는 사고로서, 실제 사고가 발생하면 가정의 위기와 주위 친척 동료들을 얼마나 안타깝게 만드는지 다시 한 번 안전사고의 예방, 대비가 중요함을 인식시켜주는 사고였다.

2. 국물에 의한 화상
1) 사고개요
몇 년 전 광주에 있는 어린이집에서 점심시간에 어린이(5세)가 식사 때 나오는 국물에 화상을 입는 사고가 발생했다.
2) 사고원인 및 내용
어린이 집에서 점심시간에 일어난 일이다. 식당이 별도로 갖추어져 있지 않은 어린이 집이라 교사가 교실로 밥과 국, 반찬을 날라서 배식하는 곳이었다. 국을 담아들고 교실로 들어가는 순간, 밖으로 막 뛰어나오던 5세 여자어린이와 정면으로 부딪혀서 뜨거운 국물을 어린이가 뒤집어쓰게 되었다. 더욱이 당황한 교사가 어린이의 목 폴라 T셔츠를 벗겨내다 더 많은 고통과 상처를 안겨주게 되었고, 원장과 교사 모두 재판까지 가는 불의의 사고가 발생했다.
3) 교훈 및 대책
뜨거운 국을 배식할 경우 절대적으로 만약의 사고에 대비하여 국을 미리 식혀두거나 어린이들을 모두 정리하여 앉힌 다음 안전하게 배식하도록 한다.
만약 화상사고가 발생할 경우에도 적절하고 안전한 응급조치를 취하도록 원장, 교사 모두 철저한 안전의식 교육을 받아야 한다.

3. 여름철 미끄럼틀 화상
1) 사고개요
지난해 여름, 어린이집 놀이터에서 5세의 여아가 뜨겁게 달구어진 미끄럼틀을 타다 화상을 입는 사고가 발생했다.
2) 사고원인 및 내용
여름철 점심시간 후 실외 놀이터에서 일어난 일이다. 뜨겁게 달구어진 스테인리스 스틸 미끄럼틀에 5세 여아가 치마를 입은 채 미끄럼틀을 탔는데 엉덩이에 3도 화상을 입었다.
3) 교훈 및 대책
뜨거운 여름철 실외 놀이터에서 놀이 시에는 가급적 기온이 낮은 시간인 오전이나 이른 아침에 실시해야 한다. 뜨겁게 달구어진 스테인리스 스틸 미끄럼틀에 항상 신경 써서 어린이들이 불의의 사고를 당하지 않도록 관리 감독한다.

4. 콧구멍에 콩이 들어간 사건
1) 사고개요
몇 년 전 어린이집 교실에서 마라카스(흔들어서 소리를 내는 체명악기) 만들기를 하던 중 콩이 콧구멍에 들어가 큰일 날뻔한 사고가 있었다.
2) 사고원인 및 내용
빈 깡통에 콩을 넣고 마라카스 만들기를 하는 시간에 콩을 가지고 장난하다가 콧구멍에 들어가서 꺼내려고 시도하였으나 잘못된 시도방법으로 인해 더욱 깊숙이 들어가 꺼내기 어려워진 가운데 결국은 이비인후과에 가서 꺼내었는데, 작은 콩이 불어서 큰 콩으로 변해 애를 먹은 사고였다.
3) 교훈 및 대책
지도교사의 부주의로 콩을 신체 부위에 넣어서는 안 된다는 지도를 하지 못한 상태에서 만들기를 시작해 불의의 사고가 일어났다. 어떠한 실습이나 만들기를 할 때에는 반드시 주의사항을 주지시킨 후 실시해야 한다.

5. 경기를 일으켜 호흡곤란에 이른 유아의 처치

1) 사고개요

열이 없는 유아가 경기(깜짝깜짝 놀라는 것)를 일으킨 후 호흡곤란 상태에 이른 것을 응급조치 하였다.

2) 사고원인 및 내용

고열이 있지도 않은 유아가 경기를 일으키며 쓰러지고 호흡곤란으로 새파랗게 질식상태에 이른 것을 응급처치 하였다.

① 먼저 입을 열어 혀가 기도를 막고 있는 것을 펴주고
② 수지침으로 손끝을 찔러 피를 낸 후에
③ 다시 질식상태로 가지 않도록 뺨을 두드리며 말을 시키고
④ 119에 연락한 후 가까운 병원으로 후송 후 의료조치 한다.

3) 교훈 및 대책

호흡곤란으로 질식상태에 이르는 것도 유아가 놀이 중에 발생하면 바로 발견할 수 없는 경우가 있다. 혀가 기도를 막아 심각한 상태에 이를 수 있으므로 유아교사의 응급조치요령 숙지가 필수적이다.

6. 교통사고에 직면했을 때의 침착한 사후처리

1) 사고개요

몇 년 전 가을, 도로상에서 퇴근하던 길에 가깝게 지내던 집의 다섯 살 된 여아가 횡단보도를 건너다가 커다란 트럭에 부딪혀 정신을 잃고 쓰러져 있었다.

2) 사고원인 및 내용

아이가 쓰러져 있는 모습을 보고 너무 놀라 급한 마음에 먼저 병원에 데리고 가야 되겠다는 생각에 아이에게 달려가 일으켜 세우려고 했다.

그 순간 지나가던 차에서 어떤 남자분이 내려 절대 아이를 안지 말라고 하여 병원에 가야 되기 때문에 차에 아이를 태워야겠다고 했더니 남자분이 차분히 나에게 아이를 위하여 움직이지 않는 것이 척추손상을 막을 수 있다며 119에 신고해주셨다.

3) 교훈 및 대책

사고에 직면했을 때 대개 당황하게 되어 빨리 병원으로 옮겨야겠다고 생각하는데 그 남자분의 차분한 대응을 보니 안전지도 교육을 받으신 분이신 것 같다. 이처럼 안전교육은 우리 모두에게 중요하다.

안전교육으로 인한 지혜로운 삶과 행복한 삶을 살 수 있게 해주신 그 분께 고맙게 생각한다.

7. 목조건물에서 불 지피다 화재 발생

1) 사고개요

목조 건물에 불을 지피는 아궁이와 기름보일러가 겸용으로 설치되어 있었는데 아궁이에 불을 지피다가 목조건물과 아궁이의 연결부위가 과열되어 화재가 발생하였다.

2) 사고원인 및 내용

사실 아궁이에 불을 지펴도 방이 따끈따끈해지는 건물은 아니었다. 그런데도 어머님은 옛날 기억을 하셔서 그러신지 집안에서 나오는 쓰레기도 태울 겸 아궁이에 불을 지피고 무쇠 솥에 미역국이나 사골 달이는 것을 즐겨하셨다.

언젠가 어머님께 이렇게 아궁이에 불을 지펴도 괜찮을지 모르겠다고 말씀드렸지만 목조 집을 짓는 사람이 그런 기본적인 것도 고려하지 않고 집을 짓겠냐고 하시며 나의 염려스런 맘을 일축하셨기 때문에 내가 지나친 걱정을 하는 것인가 하고 지나쳤는데, 집을 비운지 4년 만에 염려하던 일이 일어나고 말았다. 작년 봄, 아궁이에 불을 지피던 중 벽 연결부위가 과열되면서 불이나

아궁이가 있던 보일러실 벽 일부를 태우고 만 것이다. 다행히 사람이 있어서 금방 진화가 되었고, 화재 이후 부모님은 아궁이에 불을 지피지 않으시며 집은 화재보험회사에서 적당한 보상을 받았지만 부모님도 우리 부부도 놀란 가슴을 쓸어내리는 순간이었다.

3) 교훈 및 대책

'우리 집에 설마?'하는 마음도 있었지만 화재를 경험하면서 보험가입의 중요성을 느꼈으며, 안전문화지도자 교육을 받으면서 집에도 소화기를 구입해 놓아야 겠다는 생각을 하게 되었다.

Chap 4

안전과 인간공학

1. 인체측정학
2. 자세의 과학
3. 신체 활동의 에너지 소비
4. 조명
5. 소음
6. 수공구
7. 저 · 고온 스트레스
8. 시각의 생물학적 특징
9. 작업동기

구석기 시대를 거치면서 현대에 이르기까지 우리의 생활은 너무나 많은 변화를 거듭해 왔다. 어느 시대에나 있듯이 생산하는 그룹이 있고 그것을 소비하는 그룹이 존재하게 된다. 그러나 생활이 점점 다양화 되면서 과거에는 상상조차 할 수 없었던 기구나 기계들이 만들어지고 있다. 이러한 기계들을 다루는데 있어서 과거에는 **기계에 인간을 맞춰 가는 기계 우선 방식**(Fitting the person to the job / task / equipment)이었으나 현재에는 보다 안전적인 인간공학을 고려하여 **인간에게 기계를 맞추려는 시도**(Fitting the job / task / equipment to the person)가 활발히 진행되고 있다. 이러한 움직임은 바람직한 현상이라 할 수 있으며 점차 인간공학적인 것이 안전에 있어서 굉장히 중요하다는 것을 인식하는 것이라 하겠다. 현 시대에 있어 인체 공학적, 인간공학적 설계라는 말을 하루에도 몇 번씩 듣거나 접하게 된다. 이것은 이제 이러한 것을 고려하지 않을 경우 상품의 판매는 될 수 없다는 반증이기도 한다. 그러나 일부 인간공학적 설계로 만들어진 것을 제외하고는 아직도 우리 생활 도처에는 비 인간공학적 설계로 만들어지거나 타성에 젖어 그대로 생산하는 물질들이 무수히 많다. 이러한 관점에서 작업능률을 올리고 생산성을 기대하고 안전을 고려하는 인간공학적인 요소에는 무엇이 있는가를 살펴보기로 한다.

1. 인체측정학

우리들이 일상생활에서 사용하는 여러 가지 장치와 시설 중에는 설계시 인간공학적 요소를 고려하지 않고 설계되어 사용에 적합하지 않은 것들이 있다. 부엌싱크대, 체형에 맞지 않는 의자, 너무 높아서 손이 미치지 않는 선반, 연장 등의 사용에 있어 장기간 사용시 몸에 이상이 생길 수 있는 장치 등 너무 많은 것들이 우리 일상생활과 접해 있는 것이다. 이러한 것들은 사용하는 사람을 고려하지 않거나 신체치수에 맞지 않게 설계했기 때문이다.

1.1 인체측정

인체측정학(人體測定學, anthropometric)과 신체역학(biomechanics)에서는 신체치수를 비롯하여 각 부위의 부피, 무게중심, 관성, 운동범위 등을 포함하여 신체모양이나 기능을 측정하는 것을 다룬다. 신체 측정에는 기본적으로 정적(靜的, 구조적 인체 측정) 측정과 동적(動的, 기능적 인체치수) 측정의 두 가지가 있다. 이른바 인체측정학에서는 사람들이 쓰는 물건의 설계에 이 두 가지 자료를 응용하여 설계에 이용된다.

그림 4-1 정적 신체 특성 측정도(표 4-1 참조)

1) 정적치수

정적치수(static dimension)는 표준자세에서 움직이지 않는 피측정자를 측정한 것으로 골격치수(skeletal dimension, 가령 엉덩이와 무릎 사이 등 관절 중심 사이의 치수), 외각치수(contour dimension, 가령 가슴둘레 등 피부 표면 치수) 등이 있다. 그림 4-1은 몇 가지 신체특성의 측정방법을 보인 것이다. 여기에 체중을 추가하여 제5, 제50, 제95 백분위수를 표 4-1에 나타내었다.

표 4-1 미국 성인(20~60세)의 신체치수와 체중

신체부위	미국인[(a)]				한국인[(b)]			
	남		여		남		여	
	5%	95%	5%	95%	5%	95%	5%	95%
1. 수직 파악 한계(vertical grip reach)	76.8	88.5	72.9	84.0	-	-	-	-
2. 신장(stature)	63.6	72.8	59.0	67.1	158.4	175.9	147.2	163.0
3. 선 눈높이(standing eye height)	60.8	68.6	56.3	64.1	147.4	164.8	136.8	151.9
4. 측방 파악 한계(side arm reach)	29.0	39.0	27.0	38.0	-	-	-	-
5. 최대 몸 깊이(maximum body depth)	10.1	13.0	-	-	18.3	223.4	17.6	24.1
6. 선 팔꿈치 높이(standing elbow height)	41.3	47.3	38.6	43.6	97.5	111.6	91.4	103.8
7. 전방 파악 한계(forward arm reach)	29.7	35.0	26.6	31.7	70.6	80.5	65.1	74.3
8. 앉은 수직 파악 높이 (sitting vertical reach height)	51.6	59.0	49.1	55.2	124.9	139.8	114.7	129.1
9. 앉은 키(sitting height)	31.6	36.6	29.6	34.7	85.7	94.6	78.5	88.0
10. 앉은 눈높이(sitting eye height)	30.0	33.9	28.1	31.7	75.0	84.2	68.7	78.2
11. 앉은 팔꿈치 높이(seated elbow height)	7.4	11.6	7.1	11.0	23.1	30.9	21.3	29.1
12. 대퇴 여유(thigh clearance)	4.3	6.9	4.1	6.9	35.2	40.9	30.2	36.0
13. 무릎 높이(knee height)	19.3	23.4	17.9	21.5	-	-	-	-
14. 오금 높이(popliteal height)	15.5	19.3	14.0	17.5	47.9	53.9	44.9	50.7
15. 볼기-발끝 길이(buttock-toe length)	32.0	37.0	27.0	37.0	-	-	-	-
16. 엉둔부 폭(hip breadth)	12.2	15.9	12.3	17.1	29.6	34.7	30.0	35.7
17. 팔꿈치간 폭(elbow-to-elbow breadth)	18.8	22.8	-	-	40.8	49.2	37.1	44.7

(a) 단위 inch, 연령 18~19세 6,672명[USPHS]
(b) 단위 cm, 한국인 20~25세[공업진흥청]

2) 동적(기능적) 치수

기능적 인체 치수(functional body dimension)는 움직이는 몸의 자세로부터 측정한 것이다. 물론 어떤 설계 문제에는 구조적 인체치수도 사용되지만 기능적 치수가 더 널리 사용된다. 사람은 (잠잘 때를 포함하여) 일상생활 중 작업－비 작업 시를 불문하고 항상 기능적으로 움직인다(운전을 하거나 쥐덫을 놓거나 식탁 위의 소금을 집을 때 등). 그림 4-2는 자동차의 설계 시 구조적 치수와 기능적 치수를 적용할 때의 차이를 예시하고 있다.

그림 4-2 자동차의 설계 시 구조적 치수와 기능적 치수를 적용할 때의 차이

실제 인간 활동에 많이 활용되는 것은 동적(기능적)치수이지만 불행하게도 동적 측정자료보다는 정적측정자료가 훨씬 많다. 정적측정자료를 동적측정자료로 변환하는 체계적 방법은 없지만 Kroemer (1983)가 제안한 다음 경험법칙이 도움이 될 것이다.

① 키, 눈, 어깨, 엉덩이 등의 높이는 약 3% 줄어든다.
② 팔꿈치높이는 일반적으로 변화는 없지만 작업 중에 5%까지 증가한다.
③ 앉은 무릎높이 또는 오금 높이 : 굽 높은 구두를 신지 않은 한 변화가 없다.
④ 상체의 움직임을 편안하게 하면 30% 줄고, 어깨와 몸통을 심하게 돌리면 20% 늘어난다.

1.2 인체측정자료의 이용

인체측정자료를 장비나 설비의 설계에 이용할 때는 사용할 집단을 대표하는 것이어야 한다. 대개의 경우 대상 집단은 통상모집단의 측정한 백분위수로 설계되지만 설계 특성은 일부분의 사람이 아닌 광범위한 사람들에게 맞아야 한다. 그러나 설계자는 설비나 장비의 이용 시 특정집단을 고려해서 설계해 나가는 것이 바람직한 경우가 많다.

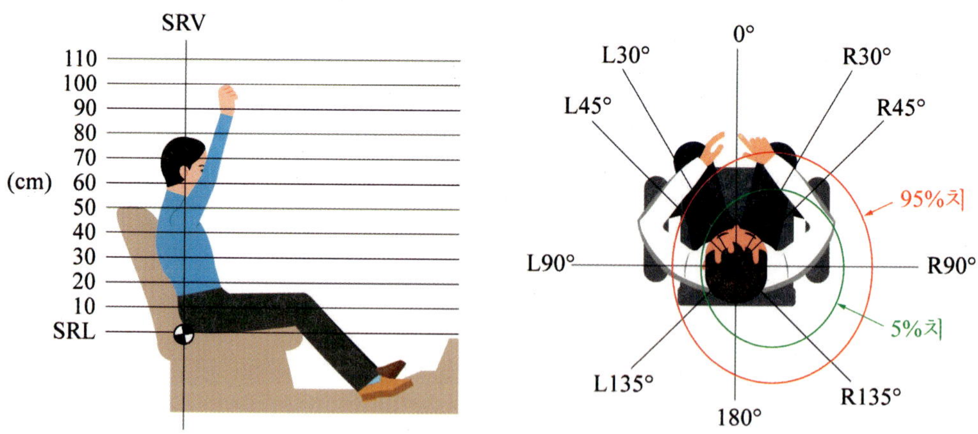

그림 4-3 인체측정 척도모델

1) 인체측정자료의 응용 원칙

특정 설계 문제에 인체측정자료를 응용할 때는 각각 다른 상황에 적용되는 세 가지 일반 원리가 있다.

(1) 극단적 설계(최고, 최저설계)

물리적 세계의 어떤 특정한 설계를 할 때는 인체계측특성의 한 극단치에 속하는 사람으로 설계하면 거의 모든 사람들에게 편안함을 줄 수 있는 경우가 있다. 이런 경우 대상집단 변수의 최대치나 최소치가 기준이 될 수 있으며, 이럴 경우 상하위 백분위수를 기준으로 하여 설계하면 된다.

예를 들면, 설계 특징의 최대(上限) 집단치(maximum population value)는 문틀높이, 비상 탈출구 크기 등을 예로 들 수 있다. 한편 최소 집단치(下限)로 설계하는 것이 적절한 전략일 때도 있는데 운전석 좌석seat, 제어 버튼과 조작자 사이의 거리, 제어장치 조작에 필요한 힘 등은 최소치를 모든 사람들에게 맞추어야하기 때문이다.

(2) 가변적 설계(안락도 향상)

어떤 장비나 설비는 체격이 다른 여러 사람에 맞도록 조절식으로 만드는 것이 바람직하다. 가령 자동차 좌석의 전후조절, 사무실 의자의 상하조절, 책상, 발받이 등을 들 수 있다. 이러한 설비의 설계에서는 일반적으로 관련 집단 특성치(가령 앉은키, 팔길이 등)의 여성의 제5 백분위수 및 남성의 제95 백분위수 범위에서 조정하도록 하는 것이 실질적이다.

(3) 평균설계

우리는 흔히 보통사람이라는 말을 하지만 이는 어떤 의미에서 보면 하나의 환상적인 개념일 뿐이다. 한두 가지 치수는 평균치와 같더라도 이러한 치수 사이에 완전한 상관관계는 없으므로 여러 치수가 평균치와 같은 사람을 발견할 수 없다. 예를 들면, 은행창구대나 슈퍼마켓의 계산대는 난쟁이나 거인에게 맞추기보다는 평균 고객에게 맞추어야 일반 고객에게 주는 불편이 덜할 것이다.

2. 자세의 과학

자동화와 정보 혁명의 결과 상황이 달라진다. 오늘날에는 컴퓨터 터미널, 제어반, 도서관과 교실, TV 등 앉아 지내는 시간이 점점 많아진다. 의자나 작업대를 잘못 설계하면 허리의 통증과 손상, 근육통, 어깨와 목의 통증, 다리의 혈액 순환 문제 등이 생길 수 있다. 이 장에서는 의자와 앉은 작업대 설계를 중심으로 사람의 신체 치수에 맞도록 물건을 설계하는 방법을 검토한다.

2.1 좌석 설비의 일반원리

어떤 의자가 가장 잘 팔릴 것이냐는 질문을 받을 때가 많다. 이때 몇 시간 앉아보았을 때 가장 편안한 의자라고 대답한다. 그러나 문제는 사람마다 선호하는 의자가 다르다는 점이다. 모든 사람에게 다 좋은 의자란 이 세상에서 존재하지 않는다. 따라서 최선의 접근 방법은 사람들이 선택할 수 있는 폭을 넓혀서 설계를 제공하는 것이 현재로서 최선의 방법이 될 수 있다. 주어진 용도에 충분히 맞는 설계에는 다음과 같은 일반적인 지침이 있다.

1) 요부 전만을 촉진한다.

그림 4-4에서와 같이 사람들은 일반적으로 서있는 자세에서는 척추의 요부(腰部 : 엉덩이 바로 위의 작은 등부분)가 자연적으로 안쪽으로 휘게 되는데(오목형), 이를 전만(前灣)이라 한다. 그러나 의자에 앉게 되면 등의 요부가 밖으로 나와 휘는데(볼록형) 이를 후만(後灣)이라 한다. 요부후만(lumbar kyphosis)이 되면 척추골 사이에 있는 디스크에 가해지는 압력이 증가한다. 척추병 예방에 있어 중요한 것은 척추와 척추 사이의 공간을 넓혀줌으로써 디스크의 압력을 줄이는 것이 중요하다.

Andersson 등(1979)에 의하면 등받침 각도를 110°로 젖히고 두께 4 cm인 요부받침을 사용하면 요부 척추는 서있을 때의 요부 곡선과 거의 같은 모양이 된다. 요부 내에서 받침의 위치는 척추에 영향을 주지 않으므로 정확한 위치를 설정하지 않아도 된다.

또한 후만을 방지하는 또 다른 방법은 앞으로 기운 좌석(forward-tilting seat)을 사용하면(Mandal, 1985) 엉덩이와 상체 사이의 각도를 넓혀서 보다 편안한 자세가 되게 한다.

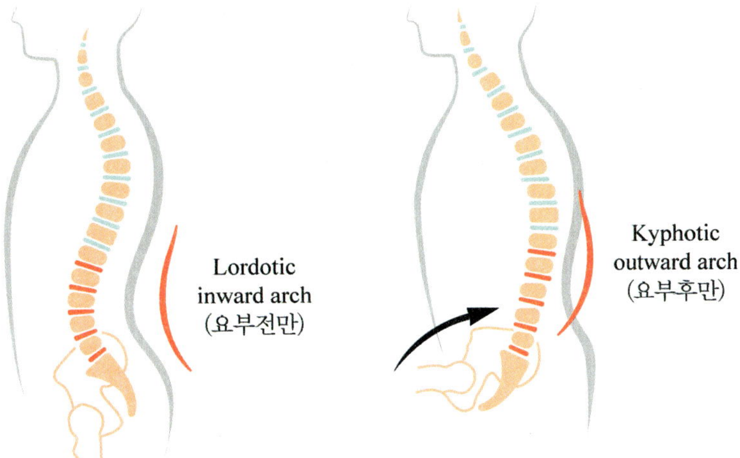

그림 4-4 (좌) 섰을 때 (우) 앉았을 때의 척추 자세

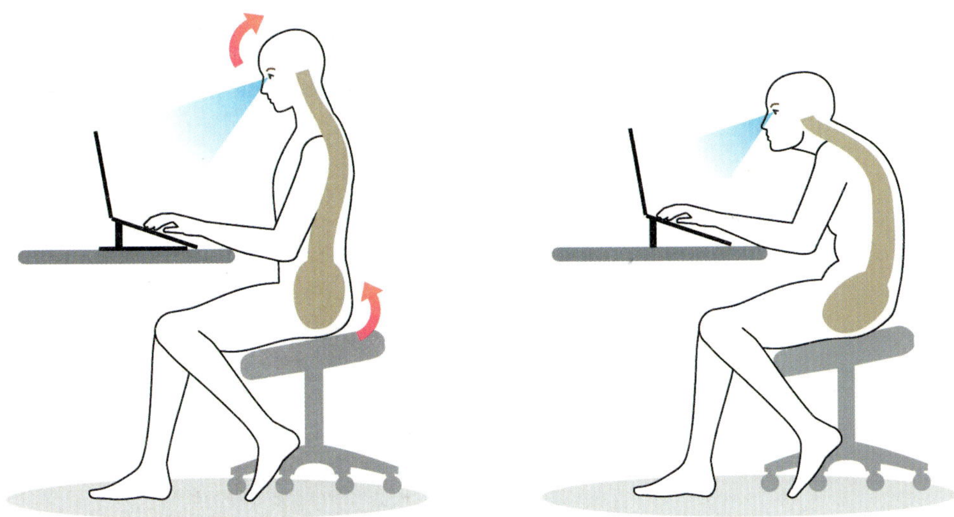

그림 4-5 경사 작업면을 사용할 때 앞으로 기운 좌석에 앉은 사람에게서 관찰한 두 가지 공통자세 (좌) 곧은 자세 (우) 굽은 자세

2) 디스크의 압력을 줄인다.

척추골 사이의 디스크는 과도한 압력을 가하면 손상될 수 있다. 앞서 살펴본 바와 같이 등받침을 사용하지 않고 앉으면 요부 후만을 촉진시켜 서있을 때보다 디스크 압력이 상당히 증가한다. 예컨대, 등받침 없이 요부를 일부러 전만시키는 똑바른 곧은 자세로 앉으면 서있을 때에 비하여 압력이 40% 증가하고, 등받침 없이 앞으로 굽은 자세로 앉으면 서있을 때에 비하여 디스크 압력이 90%나 증가한다고 알려져 있다.

3) 자세고정을 줄인다.

인체는 한 위치에 장시간 앉아있도록 단순하게 만들어져 있는 것이 아니다. 척추골 사이의 디스크는 체중 압력의 변화에 따라서 영양물을 받아들이고 폐기물을 제거한다. 아무리 좋은 자세라도 계속 한 자세로 고정하면 영양물 공급이 감소되고, 장기적으로는 디스크의 퇴행과정이 촉진된다.

또한 등과 어깨 근육의 정적 부하를 촉진하여 통증과 경련을 일으키게 된다. 일상생활에서 고스톱이나 poker게임을 즐기는 경우가 많은데 이런 경우 장시간 앉아서 수행하게 되므로 허리근육 및 다리, 무릎 등에 통증을 호소하는 경우가 많다. 이런 것은 일반적으로 자세고정에서 오는 가장 나쁜 형태의 결과라고 할 수 있다. 따라서 자세고정을 방지하는 최선의 방법은 주기적으로 일어서고 등과 다리를 굽혀서 풀어주는 것이다.

4) 쉽게 조정할 수 있도록 한다.

조정할 수 있는 가구는 좋은 인간공학적 설계에서 기초적인 것이다. 연구 결과에 따르면 가변 좌석을 제공하면 생산성이 증가하고 어깨와 허리 통증의 호소를 줄일 수 있다고 보고되고 있다. 그러나 조절범위가 크거나 조절단자가 너무 많으면 거부감을 느끼는 그룹도 존재하게 된다.

2.2 특수 설계 권장사항

여기서 모든 종류의 의자에 대한 상세 설계지침을 다 제공할 수 없다. 위에서 검토한 좌석 설계의 일반 원리와 VDT작업용 의자의 ANSI 기준(Human Factors Society, 1988)에 근거하여, 몇 가지 기본 권장사항을 제시하기로 한다.

1) 의자의 높이와 경사

일반적으로 용인되는 설계 원리의 하나는 좌석을 충분히 낮게 하여 대퇴부 하부에 미치는 과도한 압력을 피해야 한다는 것이다. 이러한 압력 때문에 다리전체에 대한 혈액순환을 감소시킬 수 있다. 일반적으로 혈액순환 감소를 막으려면 대퇴부 하부와 바닥 사이의 거리(즉, 오금높이)보다 좌석이 낮아야 한다. 남성과 여성의 오금높이의 제5 백분위수는 각각 39 cm 및 36 cm인데 좌석은 이에 맞추어 설계하는 것이 보통이다.

2) 좌석 깊이와 폭

대중용 다목적 좌석의 설계에서는 몇 가지 지침에 따라야 한다. 즉, 깊이는 작은 사람에게 맞춘다. 이유는 종아리에 여유가 있고 대퇴부 압력을 최소화하기 때문이다. 폭은 큰 사람을 기준으로 하여야 엉덩이에 걸치는 힘이 분산된다. Grandiean 등(1973)이 권장한 바에 따르면, 다목적 의자 깊이는 43 cm 이내여야 하고 좌석면의 폭은 40 cm 이상 되어야 한다. ANSI는 컴퓨터 작업대에서 사용하는 의자에 대하여 다음과 같이 권장하였다.

① 좌석 깊이 : 38～43 cm
② 좌석 폭 : 45 cm

3) 체중분포

사람이 앉으면 일차적 체중이 엉덩이의 좌골융기(坐骨隆起)에 의해 잘 받쳐지도록 인체가 만들어져 있다. 그림 4-6에 나타나 있는 것처럼 좌석에 앉을 때 엉덩이 주변으로 압력이 감소되도록 해야 한다. 바람직한 체중분포를 얻기 위해서는 적당한 두께의 콘투어좌석을 사용하거나 방석을 깔면 좋다. 너무 딱딱하거나 부드럽고 쿠션이 좋은 의자는 시간이 경과할수록 피로도가 증가하게 된다. 일반적으로 좌석 쿠션 두께는 4～5 cm 정도로 하고 덮개는 탄력이 있고 숨을 쉬어야 한다.

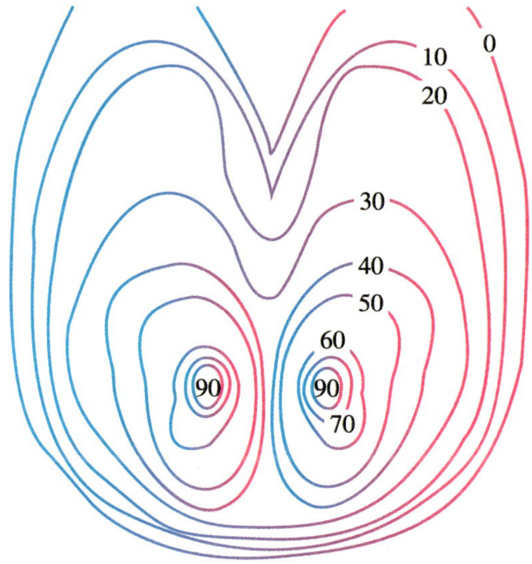

그림 4-6 바람직한 체중분포

4) 등받이

컴퓨터 작업대에서 사용하는 의자의 등받이(seat back)에 관한 권장사항 몇 가지를 들면 다음과 같다.

① 등받이 각도 : ANSI는 좌석판과의 최소 각도 범위로 90～105°를 권장하지만, 위에서 검토한 일반 원리를 감안하면 120°까지는 좋을 것이다.

② 등받이 폭 : ANSI는 요부에서 최소한 30.5 cm를 권장한다.

Point

작업공간을 인간공학적으로 바꾸는 8가지 방법 소개

미국 텍사스에 소재한 의자 및 주변기기 제조업체 'Neutral Posture'는 작업공간을 인간공학적으로 향상시키는 여덟 가지 방법을 최근 발표했다. 'Neutral Posture'에 따르면 의자에 앉은 자세로 장시간 작업 시 척추에 문제를 주는 여러 가지 척추질환을 포함하여 혈압상승이나 혈당수치 증가, 허리 부위 체지방 증가, 콜레스테롤 위험 수치 근접 등이 복합적으로 작용한다고 밝혔다. 그리고 이것은 결국 척추질환, 비만이나 대사증후군과 같은 건강 문제를 일으키게 된다. 이에 'Neutral Posture'는 사업장이 아닌 일반 공간에서의 생활과 사업장에서의 생활이 보다 쉽고 편하게 작업공간을 조성할 수 있도록 인간공학적인 방법을 제시했다.

1. 서서 일하자 : 하루 2시간 정도는 작업 공간을 키 높이로 올려 서서 일하라.
2. 좋은 의자 선택 : 인간공학적으로 설계된 의자는 장시간 착석에서 오는 신체적 스트레스를 최소화 시킨다.
3. 팔 보호 및 지지대를 사용하라 : 키보드 손목 받침대 등을 사용하여 어깨나 목에 가중되는 부담을 분산시키면 터널 증후군을 예방할 수 있다.
4. 모니터를 적당히 노려봐라 : 조절 가능한 모니터는 눈 피로를 감소시킨다.
5. 사용설명서를 읽어라 : 의자 및 주변기기 구매 시 인간공학적으로 도움을 주는 다양한 조절 기능을 잘 살펴봐야 한다.
6. 움직여라 : 걸으며 하는 회의나 스트레칭을 위한 시간을 갖는 등 몸을 움직이는 방법을 강구하라.
7. 통증을 추적하라 : 간헐적인 통증을 느낄 때 즉각 통증 유발 원인을 찾고 이를 주의해야 한다.
8. 인간공학 전문가와 상의하라 : 올바른 인간공학 프로그램은 부상으로 인한 결근이나 산재보험료를 감소시킨다.

3. 신체 활동의 에너지 소비

3.1 육체 활동에 따른 에너지 소비량

일상 활동의 생리적 부담 등 여러 종류의 신체 활동에 따르는 에너지 소비량에 대한 '感'을 얻기 위해서는 다음 분당 kcal값을 알고 있으면 유용하다. 예를 들면, 수면 : 1.3 kcal/min, 앉은 자세 : 1.6, 선 자세 : 2.25, 또한 걷기 : 2.1, 세탁 : 2.0, 뛰기와 같은 신체적 운동에서는 동작 속도가 증가하면 에너지價(energy cost)는 더 빨리 증가한다. 몇몇 특정 작업에 대한 추산치가 그림 4-7에 나와 있다.

그림 4-7 여러 신체활동에 따르는 에너지가(kcal/분)

특정 작업에 대한 에너지소비량은 작업 수행 방법에 따라 달라진다. 한 예로서 여러 나라에서 사용되고 있는 짐 나르는 방법들에 대한 상대적인 에너지가(價)가 그림 4-8에 나와 있다. 이것은 산소소비량에 기초하여 비교한 것이다.

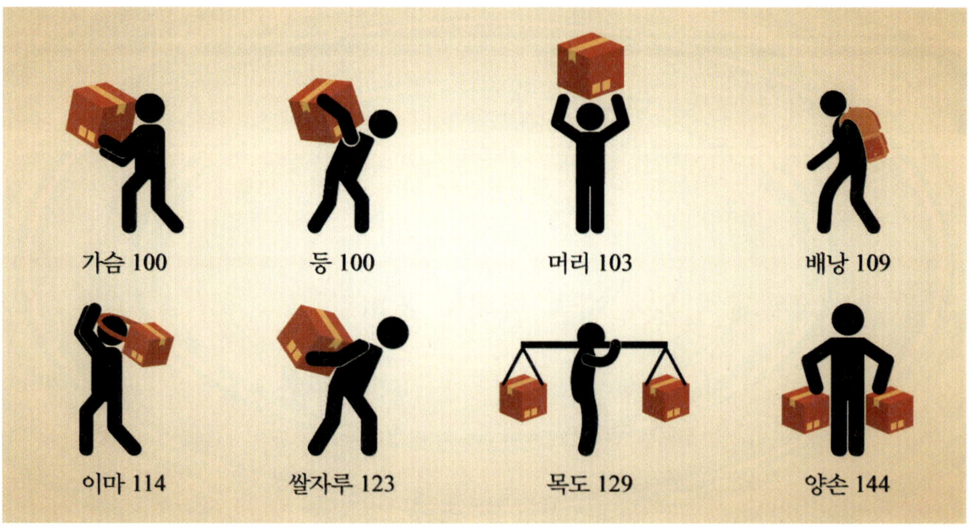

그림 4-8 짐을 나르는 방법에 따른 에너지 소비량

표 4-2 에너지 값에 따른 에너지 소비량 등급

작업등급	에너지 소비량 (kcal/min)	심박수 (박동수/min)	산소 소비량 (L/min)
휴식(앉은 자세)	1.5	60～70	0.3
아주 가벼운 작업	1.6～2.5	65～75	0.3～0.5
가벼운 작업	2.5～5.0	75～100	0.5～1.0
보통 작업	5.0～7.5	100～125	1.0～1.5
힘든 작업	7.5～10.0	125～150	1.5～2.0
아주 힘든 작업	10.0～12.5	150～180	2.0～2.5
견디기 어려운 작업	> 12.5	> 180	> 2.5

American Industrial Hygiene Association, 1971

4. 조명

4.1 조명

사람이 실내 활동을 할 때 태양을 조명원으로 사용할 수 없는 경우에는 인공조명을 사용하게 되며, 이 때 환경의 사용자에게 만족스러운 조명을 제공할 수 있도록 인간공학적인 관점에서 조명에 대하여 몇 가지 제시하고자 한다.

1981년에 IES는 조명 전문가들의 일치된 의견에 근거하여 표 4-4에 있는 것과 같이 좀 더 간편한 방법을 채택하였다.

IES는 표 4-3에서처럼 안전을 위한 최소 조명 수준을 제시하였는데 안전에 관련된 문제는 사람들이 비상시에 최소한의 조명수준을 요구하는 값이기도 하다.

표 4-3 안전목적을 위한 추천 조명 수준[IES]

시각적 발견을 요하는 위험	활동수준	
	저	고
약간 위험	5.4 lux	11 lux
많이 위험	22 lux	54 lux

표 4-4 실내 조명설계에 사용할 추천조명

범주	조명 수준 범위(저-중-고) lux	활동유형
A	20 – 30 – 50	주위가 어두운 공공장소
B	50 – 75 – 100	잠시 들르기 위한 단순한 방향감
C	100 – 150 – 200	시작업이 가끔씩만 수행되는 작업공간
D	200 – 300 – 500	크거나 대비가 높은 시작업 수행 (예 : 인쇄물, 타자, 잉크 글씨 읽기 ; 거친 작업대/기계 작업 ; 보통 검사작업 ; 거친 조립 작업)
E	500 – 750 – 1,000	작거나 대비가 중간인 시작업 수행 (예 : 조악한 인쇄/복사물, 보통 연필 글씨 읽기 ; 보통 작업대/기계 작업 ; 힘든 검사 작업 ; 보통 조립 작업)
F	1,000 – 1,500 – 2,000	아주 작거나 대비가 낮은 시작업 수행 (예 : 아주 조악한 복사물, 조악한 종이에 단단한 연필로 쓴 글씨 읽기 ; 많이 힘든 검사 작업)
G	2,000 – 3,000 – 5,000	아주 작고 대비가 낮은 시작업을 오랜 기간 수행 (예 : 세밀한 작업대/기계 작업 ; 아주 힘든 검사 작업 ; 세밀한 조립 작업)
H	5,000 – 7,500 – 10,000	정밀한 시작업을 아주 오랜 기간 수행 (예 : 아주 세밀한 작업대/기계 작업 ; 가장 힘든 검사 작업 ; 아주 세밀한 조립 작업)
I	10,000 – 15,000 – 20,000	작고 대비가 극도로 낮은 아주 특별한 시작업 수행 (예 : 외과 수술)

※ 조도 : 빛이 비춰지는 단위면적의 밝기에 대한 척도임

1) 작업공간이 어두운 경우

① 어두운 작업공간은 조명의 부적절한 설계, 설치, 관리상의 문제로 인해 발생한다.
② 표 4-5는 산업안전보건 기준에 관한 규칙이다. 각 사업장은 표에서 제시한 기준을 참고하면 된다.
③ 작업장 조명에 관한 일반적인 문제는 광원을 가리는 장애물을 제거하고 조명 간의 거리를 가깝게 하거나 추가로 설치하는 방법으로 해결할 수 있다.

표 4-5 산업안전보건기준에 관한 규칙의 조도기준

작업구분	기 준
초정밀 작업	750 [lux] 이상
정밀 작업	300 [lux] 이상
보통 작업	150 [lux] 이상
그 밖의 작업	75 [lux] 이상

4.2 휘광

눈부심은 시야 안의 휘도가 눈이 순응할 수 있는 값보다 훨씬 밝은 광원(직사 휘광) 혹은 반사광(반사 휘광)이 시계 내에 있음으로서 생기게 된다. 여기에는 직사눈부심(시야의 직접적 광원)과 반사눈부심(표면 반사광)이 주종을 이루는데 가시도(visibility)와 시성능(visual performance)을 저하시킨다.

1) 휘광이 시성능에 끼치는 영향

직사 휘광(direct glare)이 시각적 효율에 끼치는 영향은 그림 4-9에서와 같이(100W 백열등) 휘광원을 시계 내의 여러 위치에 두고 피 실험자로 하여금 검사물(평행봉)을 보도록 한 실험이 잘 예시해 준다. 실험에서는 직선 시선과의 각도를 5°, 10°, 20°, 40°로 하였으며 이 각도에 따라 시각적 효율 감소분 및 시각적 효능의 비율을 각각 제시하였다.

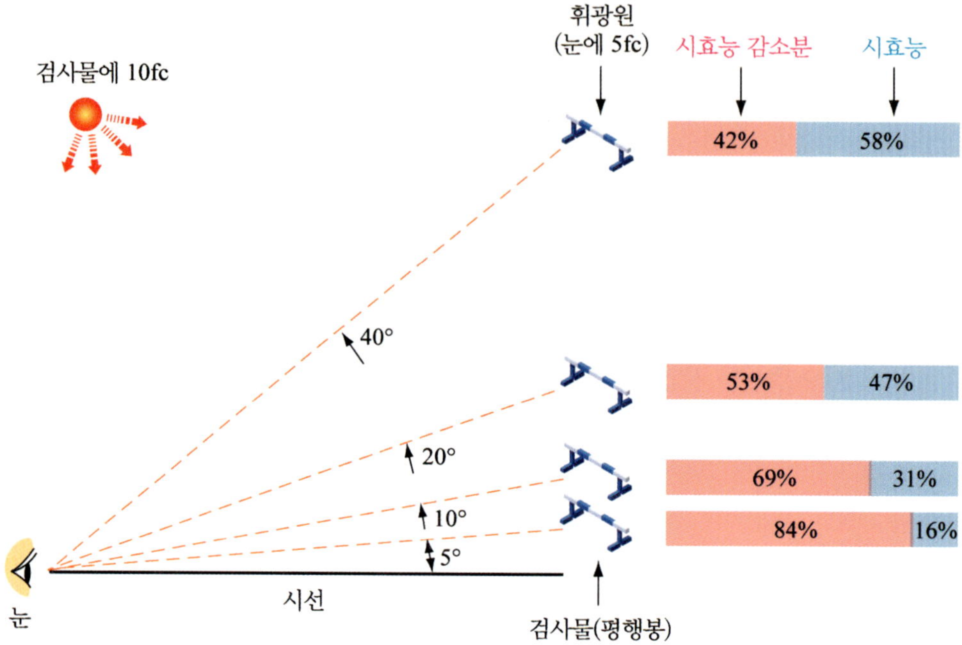

그림 4-9 직사 휘광이 시각적 효율에 끼치는 영향

2) 휘광의 처리

① 광원으로부터의 직사 휘광 처리

㉠ 광원의 휘도를 감소시키고 낮은 조명기구를 선택한다.

㉡ 광원을 가능한 한 시선에서 먼 곳에 둔다.

㉢ 주변 휘도를 밝게 하여 광원(휘광) 비를 줄인다.

㉣ 가리개(shield), 갓(hood) 혹은 차양(visor)을 사용한다.

② 창문으로부터의 직사 휘광 처리

㉠ 창문을 가급적 높이 단다.

㉡ 창문(안쪽)에 수직 날개(fin)들을 달아 직사 휘광을 제한한다.

㉢ 커튼 혹은 발(blind)을 사용한다.

③ 밝은 광원에 의한 눈부심의 해결책

㉠ 수평방향의 시선과 광원이 이루는 각도인 시야각이 눈부심을 일으키지 않는 범위는 표 4-6을 참조한다.

표 4-6 KS A 3011의 조도기준

작업 환경	최소조도	표준조도	최고조도
어두운 분위기의 공공장소	15 [lux]	20 [lux]	30 [lux]
임시 단순 사업장	30 [lux]	40 [lux]	60 [lux]
시작업이 빈번하지 않은 사업장	60 [lux]	100 [lux]	150 [lux]
큰 물체 대상의 시작업 수행	150 [lux]	200 [lux]	300 [lux]
작은 물체 대상의 시작업 수행	300 [lux]	400 [lux]	600 [lux]

4.3 특수 조명

필요한 시식별을 위해서 특수한 조명이 필요한 경우가 있다.

1) VDT를 위한 조명

VDT (visual display terminal)는 우리생활주변 어디에나 있다. 일반적으로 VDT라 하면 사무실과 집에 있는 것으로 생각해 왔으나 점차 제조 현장이나 창고 자동차 등에서도 볼 수 있게 됐다.

① 조명 수준

대부분의 사무실에서는 (어느 정도까지는) 주위 조명 수준이 높을수록 작업대상의 시효율이 증가하지만 VDT 화면에 대해서는 반대의 현상이 나타난다. 따라서 추천되는 조명수준은 연필로 쓴 필기물을 읽는 것과 같은 높은 수준과 VDT 화면을 읽는데 필요한 낮은 수준간의 중간이다. 대부분은 300～500 lux를 지정하지만 이보다 다소 낮을 수도 있다.

주위 조명 수준을 이렇게 높게 유지하는 또 하나의 이유는 6시간 이상 VDT 작업 후의 시각적 순응의 변화가 줄어들기 때문이며, 눈의 피로가 줄어들게 된다.

② 휘도비

휘도 내의 일반 권장치는 스크린과 주변 사이가 1 : 3의 광도비가, 먼 곳 사이가

1 : 10이다. 가장 좋은 것은 현장에서 장시간 실험을 통하여 눈의 피로가 적게 오는 방향으로 설정하는 것이 좋다.

5. 소음

문명의 발달과 소음은 작업현장이나 주변 생활에 깊숙이 침투하여 소음 공해로까지 불리며 소음오염이라는 용어까지 등장하고 있다. 소음이란 흔히 원치 않는 소리를 칭하나, 정보 이론의 관점에서 본 좀 더 명확한 개념은 직접 관련되는 과업의 제시 또는 완수와 정보적으로 관련이 없는 청각적 자극이라고 말한다.

5.1 소음과 청력 손실

소음이 미치는 악영향 중에서도 가장 중요한 것이 청력 손실이다. 실제로 난청에는 전도성 난청(conductive deafness)과 신경성 난청(nerve deafness)의 두 가지 기본형태가 있는데, 전도성 난청은 외이(外耳) 혹은 중이(中耳)의 이상 상태(유착, 감염, 이물, 고막 상처) 때문에 음파를 내이(內耳)로 잘 전달하지 못하여 일어난다. 이는 모든 주파수 대역에서 고르게 나타나며 완전히 청력을 잃지는 않는다. 이때는 보청기로서 청력을 보상할 수가 있다.

신경성 난청은 내이 신경 세포의 이상 상태 때문에 저하하여 생기며 흔히 고주파의 청력 손실이 저주파대역보다 심하다. 나이에 따른 정상청력 장애와 높은 소음 수준에 계속 노출되어 발생하는 청력 손실이 이 형태이며 일단 발생하면 복구되기 힘들다.

1) 청력 손실

여러 인구집단에 대하여 청력 손실을 조사하여 이상적 청력 손실 곡선을 그림 4-10에 제시하였다. 주파수가 높아짐에 따라 청력 손실은 심해지며 남성과 여성의 차이는 사회성 난청에 기인한다고 볼 수 있다.

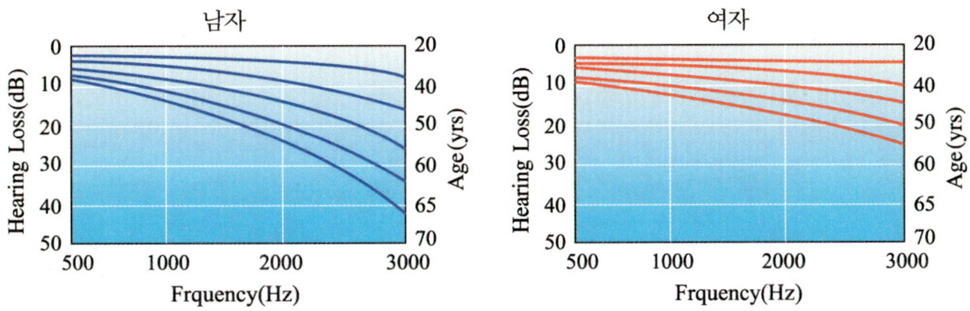

그림 4-10 연령의 함수로 나타낸 청력 손실

2) 연속 소음노출로 인한 청력 손실

일반적인 사람은 소음에 노출된 후에 시간이 경과하면 대개 청력을 회복한다. 그러나 노출이 계속되면 점차적으로 영구성난청으로 되며, 계속되는 노출에 따라 영구 손실량도 그림 4-11에서와 같이 주파수대역에 따라 점점 증가한다. 청력도는 주파수별 청력 손실로 볼 때 개인차가 있으나 4,000 Hz 근처에 골짜기가 나타나는 것이 특징이다.

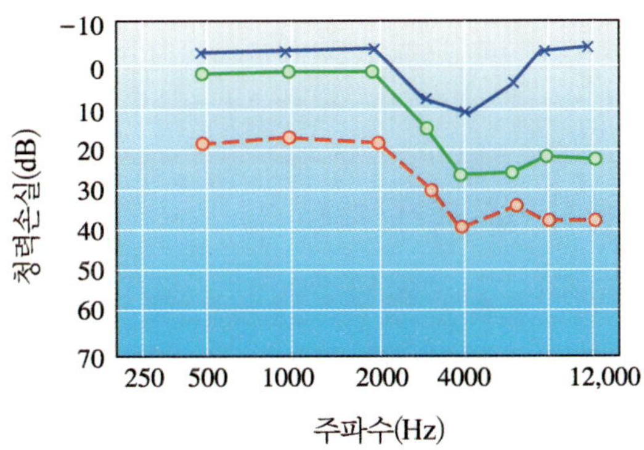

그림 4-11 영구청력 손실이 나타나는 3단계를 보여주는 개인의 청력도

3) 비연속적인 소음

비연속적인 소음에는 간헐적인 소음, 충격소음, 충폭소음 등이 있다. 강도, 주파수, 노출 시간, 소음분포 등 여러 변수 때문에 이런 소음의 영향을 쉽게 단정할 수 없다. 하지만 충격소음 및 충돌소음의 경우 직공들은 2년만 지나도 난청 증세를 보이며, 포술 교관들은 귀보호장구를 착용하여도 9개월 동안 10%의 청력 손실을 나타낸다.

5.2 소음의 영향

소음으로 인한 인체에의 영향은 다음과 같다.

① 음성이해도의 저하

② 작업수행도의 저하

③ 피로

④ 생리적 영향

60 dB 이상의 소음이 계속되면 교감신경계의 긴장상태가 지속되어 약 50%의 사람들에게서 장의 연동・수축운동 장애, 수액분비의 억제, 순환기능의 저하 등의 현상이 나타난다.

⑤ 청력손실

허용노출한계 이상으로 노출이 되면 난청이 되는데, 주로 4,000 Hz 부근에서 특히 심하다. 8시간 작업을 기준으로 할 경우 90 dB이 한계라고 알려져 있다.

5.3 소음 방지 및 제거 대책

① 소음원의 통제

재배치, 적절한 설계, 정비 및 주유, 소음기 부착, 작업방법의 변경

② 소음원의 격리

기계자체를 가능한 한 밀폐, 격리시켜야 하며 소음수준이 120 dB 이상이 되면

필수적이다.

③ 흡음과 차음

방음판, 방음벽을 설치하여 소음원을 포위

④ 음향처리제의 사용

⑤ 보호구의 사용

6. 수공구

현재 일반적인 목적뿐만 아니라 특수용으로 고안된 손 연장이 무수히 많지만 최근까지만 해도 인간공학에서는 복잡한 장치들에만 중점을 두어 왔을 뿐 수공구를 설계할 때는 무시되어 왔다. 우리 인간이 최초로 도구를 사용하기 시작하면서 경험적으로 발생한 도구나 기구이므로 사람이 사용하기에 적절하다고 생각하고 무관심하였지만 실제로는 오랜 기간 동안 세월자체가 적절한 설계를 보증하는 것은 아니다. 사실상 손 연장 중에서도 특히 반복과업에서 사람이 다루기에 비효율적이고 안전하게 설계되지 않은 것들은 의외로 많다.

설계가 부적절한 도구나 기구는 사고와 상해를 비롯한 바람직하지 못한 결과를 초래한다. 미국자료에 의하면 손 연장 관련 상해가 모든 관련 피보상 상해(被補償 傷害, compensable injury)의 9% 정도를 차지하였으며, 모든 손 연장 상해 중에서 동력 손 연장에 의한 것은 21% 정도에 불과하였다. 가장 다치기 쉬운 연장은 칼, 렌치, 망치 등이었다. 이러한 상해 자료는 대부분 단순외상(外傷, traumatic injury)이지만 부적절한 연장 설계는 잠재적 누적외상병(CTD : cumulative trauma disorders)을 초래하는데 건활막염(腱滑膜炎, tenosynovitis), 트리거 핑거(trigger finger), 테니스 엘보(tennis elbow) 등을 들 수 있다. 누적성 외상의 발생률은 손 연장 반복 사용하는 작업이나 직무에서 아주 높다.

손 연장을 적절히 설계하려면 기술적 측면, 해부학, 운동생리학, 인체측정학에 관한 여러 자료를 응용해야 하며, 특히 중요한 것은 연장을 독립적으로 설계해서는 안 된다.

손 연장의 사용에서 가장 중요한 측면은 훈련인데 대개는 이를 무시한다. 연장 사용법을 제대로 숙지하면 상해 발생 수와 누적성 외상을 줄일 수 있다.

6.1 수공구 설계원칙

1) 손목을 곧게 유지한다.

손목을 굽히면 수근관에서 건이 굽혀서 융기되고 계속 사용하면 건활막염으로 진전되는데, 그 원인이 될 수 있는 일반적 동작은 빨래 비틀어짜기(wringing)이다. 이와 유사한 동작으로는 구멍에 나사박기, 선회조절장치의 조작, 펜치 이용한 고리선 만들기 등이 있다.

손 연장 사용에서 중요한 것은 CTD의 진전을 막는 것이다. 재래식 플라이어를 잡고 있는 손의 X선 사진을 그림 4-12(a)에 보였는데 이는 척골편향의 전형적 사례이다. 플라이어를 다시 만들어서 그림 4-12(b)에서처럼 손목을 굽히는 대신에 손을 굽히도록 하면 손목과 전완의 정렬이 중립적으로 된다.

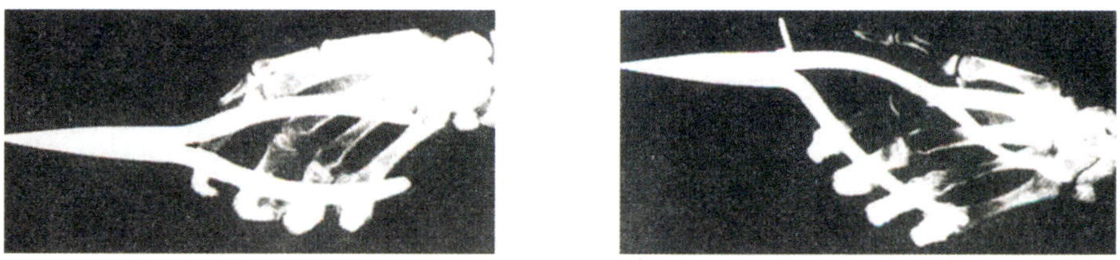

(a) (b)

그림 4-12 전선 작업에서 (a) 재래식 플라이어와 (b) 재설계한 플라이어를 사용하는 손의 X선 사진

그림 4-13은 이 두 가지 사용에 대하여 전자조립공 40명을 12주 훈련 프로그램을 통하여 결과를 비교한 것이다. 그림에 따르면 10주부터 급격한 이상증세를 많이 보이고 있다.

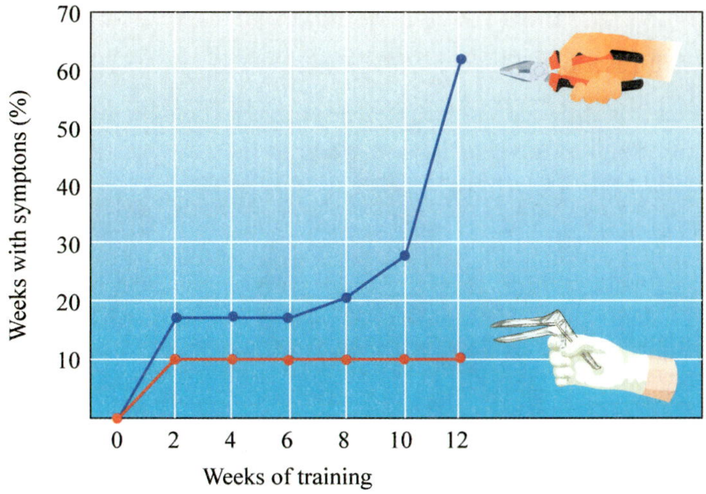

그림 4-13 두 가지 플라이어를 사용한 훈련자의 비교

2) 조직 압착 스트레스의 회피

집게를 꽉 쥐면 알 수 있듯이 수공구의 이용 시에는 상당한 압착력이 손바닥에 집중된다. 특히 척골 및 요골동맥 등은 압력에 민감하며 혈관과 신경을 덮고 있는 곳이다. 손잡이에 의해서 요골동맥으로의 혈류(血流)를 방해한다. 이 혈류의 차단, 즉 국소빈혈(局所貧血, ischemia) 때문에 손가락이 저리고 쑤시게 된다.

따라서 가능하면 손잡이의 접촉면적을 넓게 설계하여 힘이 고르게 분배되도록 하며 덜 민감한 부위(가령 엄지와 식지 사이의 단단한 조직)에 미치도록 한다.

3) 손가락 반복작용의 회피

식지로 방아쇠를 과도하게 당기면 트리거 핑거(trigger finger)가 된다. 이러한 증상이 있으면 손가락을 굽힐 수 있지만 펼 수가 없게 된다. 손가락을 강제적으로 피면 딸각 소리가 난다. 연장의 손잡이가 너무 큰 경우 이러한 상태가 가장 빈번하게 일어난다.

원칙적으로 식지의 빈번한 사용은 피하고 엄지로 조작하는 제어장치를 사용하도록 한다. 그러나 그림 4-14(a)에 보인 것처럼 엄지에 의한 통증과 염증이 생기지 않도록 주의해야 한다. 엄지 제어장치보다 좋은 것은 그림 4-14(b)에 보인 것처럼 손가락 전체를 사용하는 제어장치를 장착하는 것인데, 이럴 경우 몇 개의 손가락이 부하를 분담하여 엄지로는 연장을 쥐고 방향을 조절할 수 있다.

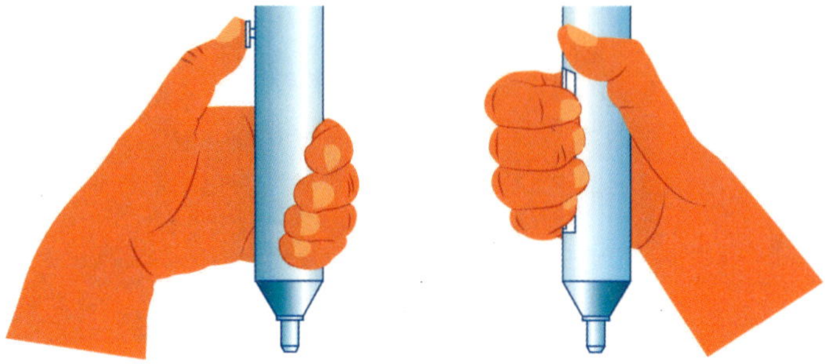

(a) (b)

그림 4-14 엄지 조작 및 핑거스트립 조작 공기식 연장

7. 저 · 고온 스트레스

7.1 고온스트레스

고온 스트레스(heat stress) 조건에서 신체는 감당할 수 있는 것보다 많은 열을 흡수하거나 발생한다. 결과적으로 체심 온도가 상승하여 발병하거나 사망에까지 이르게 된다.

1) 생리적 영향

고온스트레스의 가장 직접적인 영향의 하나는 체내 온도의 상승이다. 체온이 상승하면 대사작용이 증가한다. 대략 체온이 1℃ 상승하면 대사작용이 10% 정도 증가한다. 대사작용이 증가하면 열이 평소보다 많이 발생하고 이를 빨리 제거하지 않으면 체온이 더욱 상승하게 된다. 이러한 악순환이 계속되면 사망에 이른다.

(1) 심장 혈관계통의 이상

고온스트레스에 대한 1차 방위선은 심장혈관계통으로 두 가지 반응을 한다. 하나는 피부혈관의 확장과 두 번째는 심박수의 증가로 나타난다. 피부혈관 확장의 경우 체내에서 가열된 혈액을 피부로 보내는데 이때 피부온도가 올라간다.

심박수가 증가하면 심장에서 매 분당 수송하는 혈액의 양이 증가한다. 고온스트레스 상태에서는 심박출량이 50～70% 증가하는데 이 증가량은 냉각 목적으로 피부로 보내진다. 고온스트레스 중에는 작업 근육으로 수송되는 산소가 불충분해져서 젖산이 축적되어 근육통과 근육 피로가 생길 수 있다. 고온환경에서는 열의 소산과 젖산의 제거에 모두 혈액이 필요하기 때문에 육체적 작업으로부터 회복에 시간이 오래 걸린다.

(2) 땀의 증가

특히 육체적 활동 중에 있을 때는 기본적인 대류와 복사에 의한 땀의 발생만으로는 신체 열적 평형을 유지하기에 충분치 못한 경우가 많다. 고온스트레스에 대한 인간의 대응방어선은 땀의 증발이다. 땀의 증발로 인하여 열이 발산된다. 증발되지 않고 몸에서 흘러내리는 땀방울은 실질적으로 열 발산과는 관계없고, 수분 손실을 초래할 뿐이다. 강한 고온스트레스에 노출된 작업자는 하루에 6～7 L의 땀을 흘릴 수도 있다. 따라서 지나치게 땀을 흘릴 경우 물을 마셔서 보충하지 않으면 탈수증을 일으킬 수도 있다. 발한감소 자체는 온도조절에 영향을 미쳐서 체온의 상승을 초래한다. 고온환경에서는 매 15～30 min마다 물(10～15℃) 150～200 mL를 마시는 것이 좋다.

(3) 열중독증(heat illness)

고온스트레스가 극심하거나 장기간 지속되면 여러 질병이 생긴다. 가장 심각한 것이 열사병으로 죽음에 이를 수 있다. 열중독증의 예를 들면 다음과 같다.

① 열발진(熱發疹)

땀샘의 막힘, 염증 등이 원인이 되어 피부에 작고 붉은 물집모양의 뾰루지가 생긴다. 이러한 상태를 "땀띠(prickly heat)"라고도 하는데, 열에 노출되면 따끔거

린다.

② 열경련(熱痙攣)

팔, 다리, 복부 등 작업에 사용하는 근육에 통증이 있는 경련(spasms)이 생긴다. 이러한 경련은 고온환경에서 작업 중이거나 작업 후 수 시간 내에 발생한다.

③ 열피비(熱疲憊, heat exhaustion)

열피비의 특징은 근육무력, 구역질, 구토, 어지러움, 실신 등이다. 주로 탈수 때문에 생기며, 열에 순응하지 못하고 체력 조건이 나쁜 사람에게 잘 일어난다.

④ 열사병(熱射炳, heat stroke)

열사병은 체온이 과도하게 상승하여 인체의 온도조절 메커니즘이 파괴되었을 때 생기는 급성의 한 형태이다. 증상은 구역질, 두통, 뇌기능 장애, 이상 행동 등으로 나타나며 원인은 땀샘의 피로와 땀생성 중단이다.

(4) 개인차에 의한 현상

고온스트레스에 대한 지구력에는 개인차가 크다. 이러한 차이가 생기는 인자로는 다음과 같은 것들이 있다.

① 체력(體力)

체력이 좋은 사람일수록 고온환경에서 작업할 때 잘 견딘다. 이러한 사람은 같은 수준의 일을 하더라도 체력이 약한 사람보다 심박수의 증가와 열손실이 적다. 이러한 것은 체력이 좋은 사람은 작업 근육에 대한 산소 전달능력이 크기 때문이다.

② 성별(性別)

고온스트레스에 노출되었을 때 여성은 남성보다 일반적으로 심박수가 크게 증가하고 최대 발한율이 낮으며, 피부 온도가 높고 습열(濕熱)이 심할 때는 체온이 높아진다. 이러한 결과는 남성과 여성의 육체적 적성의 차이에서 나온다고 볼 수 있다. 육체적으로 튼튼한 여성은 고온스트레스에 대하여 적성이 같은 남성과 비슷한 반응을 한다.

③ **노화(老化)**

나이가 들면 땀샘의 반응이 느리고 체내 수분이 적어진다. 결과적으로 온도 조절이 효과적으로 이루어지지 않는다. 40세 이상인 사람은 25세 미만인 사람보다 열사병에 걸리는 비율이 10배나 많다.

④ **체지방(체지방)**

체지방이 많은 사람을 우리는 일반적으로 뚱뚱하다고 말한다. 일반적으로 체지방이 높으면 일상생활에서 고온환경에서 고생하게 된다. 체표면/체중 비가 작으면 열소산에 불리하다. 지방은 또 피부와 체내 조직 사이의 단열층을 만들어서 피부로의 열전달과 소산을 방해한다.

⑤ **술**

술은 중추신경과 말초신경의 기능을 방해하며 발한감소증을 유발시킨다. 작업 전이나 작업 중에 알코올을 섭취하면 내열성이 줄고 열사병의 위험이 증가한다.

7.2 저온 스트레스

과거에 비하여 저온환경(cold environment)에서 작업할 일이 일반적으로 줄어들었지만 그래도 작업특성상 저온에서 일하지 않으면 안 되는 경우가 있다. 가령 겨울철의 실외작업, 건설현장, 냉동창고 작업 등을 들 수 있다. 그러나 대개의 경우 저온환경에서 작업하는 사람은 저온환경에 적합한 옷차림을 하게 된다.

1) 생리적 영향

저온 스트레스에 대한 인간생리적 반응에는 기본적으로 혈관수축과 떨기의 두 가지가 있다. 두 가지 모두 신체 열발산을 감소시킴으로써 저온환경에서 체내온도를 일정하게 유지하고자 하는 본능적인 현상이다. 그러나 인간은 체내(직장)온도가 28℃ 이하로 내려가면 생존에 위협을 받게 되지만, 일반적으로 치명적이라고 생각되는 찬물이나 실외 온도에 노출되어도 사람은 생존할 수 있다.

(1) 혈관수축

저온 스트레스에 대하여 나타나는 제1의 방어는 혈관을 수축시키는 것이다. 이것은 두 가지 목적이 있다. 첫째로 더운 피부를 찬 공기로부터 격리시킴으로써 외부로 발산되는 열을 줄이고, 둘째로 혈류를 차단함으로써 피부의 단열능력을 증가시키는 것이다. 그러나 손가락이나 발가락에는 혈류가 차단되므로 급격하게 공기 온도에 접근하여 국부적 냉해(동상)의 원인이 된다. 또 혈관이 수축되면 체내기관에 더 많은 피가 신장을 통과하게 되므로 오줌 생성량이 증가하게 된다.
또한 혈관이 수축되면 이에 관계되는 평활근(平滑筋, smooth muscle)에 산소가 공급되지 않고 결과적으로 평활근이 피로하게 되어 혈관이 팽창한다. 여기에 흘러 들어간 피는 순환되지 않으므로 탈산소화(脫酸素化)된다. 저온스트레스를 받을 때 피부가 퍼렇게 보이는 것은 탈 산소화 혈액 때문이다.

(2) 떨기(shivering)

혈관수축으로 체내온도를 유지할 수 없을 때는 신체가 떨어서 대사열 생산을 증가시키려 한다. 근육활동이 증가하면 휴식중의 열적 평형에 있을 때보다 대사열이 2~4배 증가하고 이렇게 되면 외부로부터 열발산을 보상하기에 충분하다. 그러나 떨기에 의해 몸을 덥힐 수는 없고 차가워지는 것을 막을 뿐이다.

(3) 동상

가장 일반적인 재해는 동상이며, 동상(frostbite)은 신체조직이 동결되어 조직세포 안에 얼음 결정이 형성되는 것이다. 인간 신체구조상 국부 냉각에 의해 동상에 걸릴 수 있는데 대개 손과 발에 생긴다. 그러나 체내온도를 정상수준으로 유지하더라도 금속이나 액체(좋은 전열체)와 접촉하면 피부가 얼 수 있기 때문에 쾌적한 상태라 할지라도 찬 결정체의 조작에는 보호구를 반드시 착용하고 작업에 임해야 한다.

8. 시각의 생물학적 특징

우리가 무엇을 보고 느끼는 것은 보는 눈과 보이는 사물과 또한 이 두 가지를 연결하는 빛이 상호작용하는 것이다. 즉, 위치와 형태, 빛에 따라 시각현상이 변화하는데 이를 시각현상의 3요소라고 한다. 눈으로 보는 모든 사물은 하나의 자극으로 망막에 전달되고 대뇌피질까지 보내져 감각에 수용된다. 대뇌피질에 도달한 자극은 우리가 쉽게 느껴지는 형태로 제공된다. 이런 이유로 눈의 기능이 떨어지거나 마비되면 그만큼 지적 활동이 둔화되는 것이다.

8.1 시각 신경정보의 처리

우리는 별다른 노력을 들이지 않고서도 주위의 사물을 눈을 통해 쉽게 알아볼 수 있다. 그러나 눈을 통해 입력된 정보를 정확히 인지하기 위해서는 눈에서부터 시작하여 시상의 측면슬상핵, 대뇌의 시각피질, 대뇌의 시각에 이르는 매우 길고 복잡한 여러 단계의 신경정보처리과정을 거쳐야 한다.

1) 눈

그림 4-15는 사람 눈의 구조를 보여주고 있다. 인간의 신체가 놀라움의 조형물이지만 그 중에서도 눈은 더욱 더 오묘하다는 생각을 지울 수 없다. 우리의 눈은 뛰어난 광학기구일 뿐만 아니라 뇌의 연장으로 상을 처리할 수 있는 능력까지 겸비하고 있다.

시각을 일으키는 물리적 에너지인 빛은 각막을 통하여 우리 눈에 들어오게 된다. 각막은 투명하고 얄팍한 막으로서 눈의 내부를 보호할 뿐 아니라 눈을 통과하는 빛을 굴절시켜 눈의 안쪽 뒤편에 상이 맺히도록 하는 역할을 담당한다. 그림에 나타나있는 용어들에 대하여 각각의 기능을 설명하면 다음과 같다.

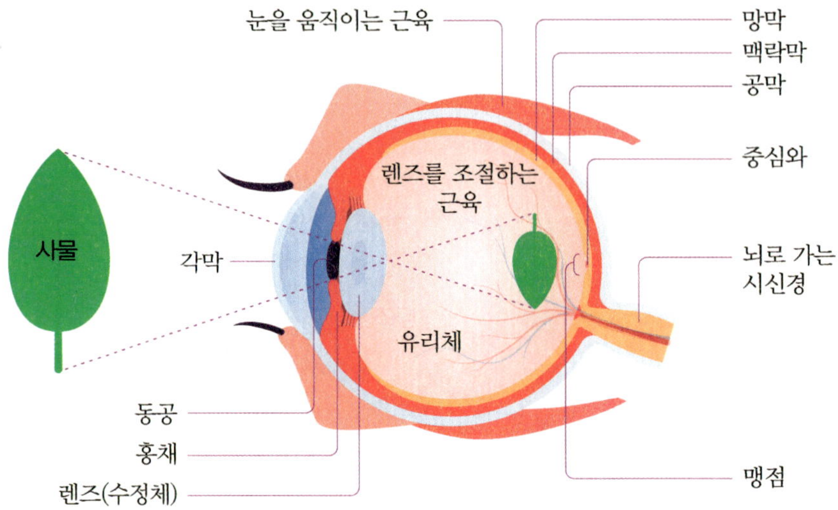

그림 4-15 눈의 구조

① 홍채

홍채는 사진기의 조리개에, 수정체는 사진기의 렌즈에, 망막은 사진기 속의 필름에 해당된다. 또한 서양 사람들의 파란눈, 동양사람들의 갈색눈을 결정하는 것도 바로 이 홍채이며, 주위가 어두울 때는 동공을 크게 확장시켜주고 주위가 밝을 때는 동공을 축소시켜 과다한 빛이 눈 안에 들어가는 것을 통제한다.

② 모양근

우리 눈의 수정체는 모양근의 두께를 조절함으로써 초점거리를 바꾸도록 되어 있다. 모양근은 괄약근의 일종으로써 모양근이 수축하면 수정체의 두께가 두툼해지고 모양근이 이완하면 수정체의 두께가 얇아진다. 이와 같은 원리에 의해 우리가 가까운 곳에 있는 물체를 볼 때는 자동적으로 괄약근이 수축하여 수정체의 초점거리가 짧아지고 먼 곳을 볼 때에는 괄약근이 이완하여 수정체가 얇아져 초점거리가 길어진다.

③ 망막

사진기 속의 필름과 같은 역할을 한다. 망막 위에는 추상체(cone)와 간상체(rod)라는 감광세포가 있는데, 이들 세포들의 외측분절(outer segment) 속에는 필름의 감광물질과 같이 빛에 예민하게 반응하는 감광색소가 들어있어 빛의 파장과 강도에 대해 선별적인 반응을 한다.

(1) 간상체와 추상체

망막 위의 감광세포는 간상체(桿狀體 : rod)와 추상체(錐狀體 : cone)의 2종류가 있다. 그림 4-16에서 보듯이 추상체는 추모양을 하고 있고 간상체는 막대꼴을 하고 있다. 간상체와 추상체는 생김새가 다른 것 이외에도 기능, 망막 위의 분포양상에서 차이를 보인다.

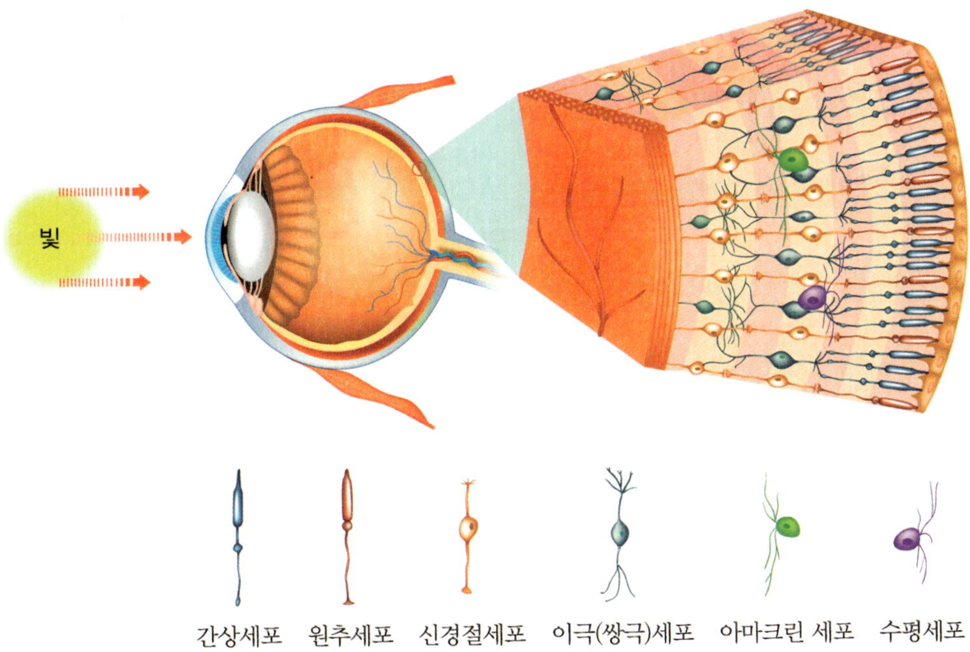

그림 4-16 망막의 신경세포 배열

① 추상체

망막 위에는 약 1억3천만 개의 간상체와 추상체가 있는데 추상체는 그림 3-15에 나와 있는 중심와(中心渦 : fovea) 위에 집중적으로 분포하고 있다. 중심와는 물체의 형태를 가장 정확하게 분석할 수 있는 부위인데 중심와 내에는 추상체만이 있으며 간상체는 없다. 추상체의 기능으로는 가시광선의 긴파장, 중간파장, 짧은 파장에 선별적으로 예민하게 반응하는 세 가지 유형의 세포가 있어 색정보를 처리할 수 있다. 대낮에는 추상체가 시각의 대부분을 맡게 된다.

② 간상체

간상체에는 명암을 처리하는 한 가지 유형의 세포만이 있다. 간상체는 추상체보다 빛에 더 민감하게 반응하기 때문에 광량이 적은 밤에는 간상체가 시각을 맡는다.

하루 중 운전사들이 시각에 가장 곤란을 많이 겪는 때가 해질 무렵 약 30여분 동안이라고 하는 이유는 두 개의 시각기제 중 어느 것도 제대로 기능하지 못하는 데서 비롯되는 것이다.

8.2 착시

착시란 착각의 일종으로 일반적인 시각적 착각을 말한다. 사물의 도형이나 색채를 볼 때 의도와 다르게 보이는 경우에 이를 시각적 착시라고 한다. 그러나 착시는 정상적인 시각의 에러가 아니라, 주의를 기울인 경우에도 착시는 일어난다. 대부분의 착시는 사람에 따라 약간의 차이는 있어도 모든 사람에게 공통적으로 일어나는 현상이다. 현장에서의 안전관리 시 이런 착시현상으로 말미암아 일어나는 재해도 무시하지 못하는 수준이다.

1) 착시의 종류

(1) 다의도형

하나의 도형이 두 가지 이상의 것으로 보일 때 이것을 '다의도형'이라 한다.

그림 4-17과 같이 '루빈의 잔과 얼굴－꽃병'은 한쪽이 보이면 다른 한쪽은 보이지 않는 현상을 '도형과 배경의 반전'이라고 한다. 그러나 다의도형 형태는 이러한 반전도형만이 아니다. 그림 4-18의 '마하의 책'은 펼친 책의 안쪽으로도, 덮은 책의 등으로도 보인다.

(a) 루빈의 잔과 얼굴–꽃병 (b) 마하의 책

그림 4-18 다의도형

이외에도 그림 4-19의 '오리와 토끼'그림과 같은 예에서 찾아볼 수 있다. 오리와 토끼 그림은 좌측을 집중하면 오리로 보이고, 우측을 집중하면 토끼로 보이게 된다. 다의도형에서 어떤 모습을 보는가 하는 것은 사물의 면적이나 밝기 등의 도형의 성질에 의존하는 경우가 많으나 보는 사람의 성격이나 욕구, 경험, 심리적 상태에 따라 다르게 나타난다.

그림 4-19

(2) 선, 길이에 의한 착시

선이나 길이에 대한 착시는 선 양단의 첨부된 형태에 따라 보이는 것이 달라지는 착시와 일반적으로 수직선이 수평선보다 길게 보이는 착시의 형태가 있다.

① 화살 착시

그림 4-20과 같이 같은 길이의 형태라 할지라도 화살표가 바깥으로 향한 경우가 안쪽으로 향한 경우보다 길게 보인다.

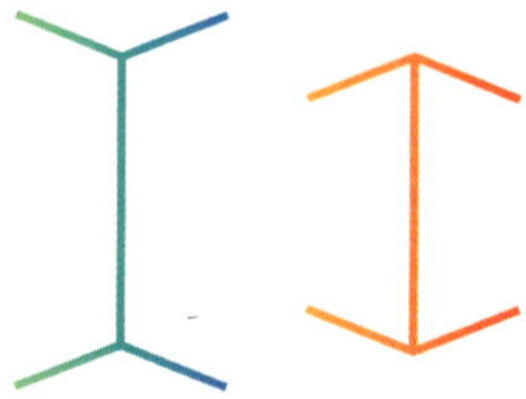

그림 4-20 화살 착시

② 같은 길이의 선분이 다른 경우

그림 4-21과 같이 수평부분의 길이는 같지만 양 옆의 선분에 따라 길이의 차이를 보인다. 이것은 같은 길이의 선분이라도 일정하고 동일하게 보이지 않다는 것을 의미한다.

그림 4-21 길이 착시

③ 수직선과 수평선

그림 4-22와 같이 길이가 같은 선분이라도 일반적으로 수직선이 수평선보다 더 길게 보인다. A와 B는 같은 길이지만 A가 B보다 작게 보인다. 이런 현상은 사람의 눈이 일반적으로 좌우로 움직이기는 쉽지만 상하로 움직이기는 쉽지 않기 때문에 기인한다.

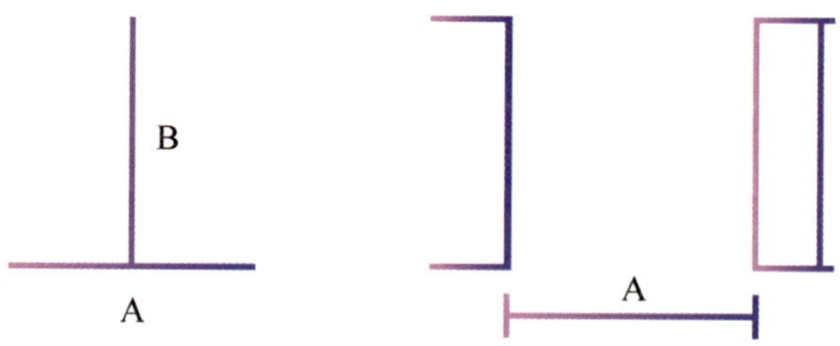

그림 4-22 수직 수평 착시

(3) 방향과 각도에 의한 착시

① 선의 형태에 따른 시각의 확산과 축소

그림 4-23과 같이 A, B 모두 평행선이지만, 사선에 의해 중앙의 폭이 넓어 보이거나 좁아 보인다. 이러한 경우 교차 각이 예각일 경우 실제보다 넓어 보이는 착시이다. 대개 교차 각이 25~30도일 때 착시의 비율이 가장 크게 보인다.

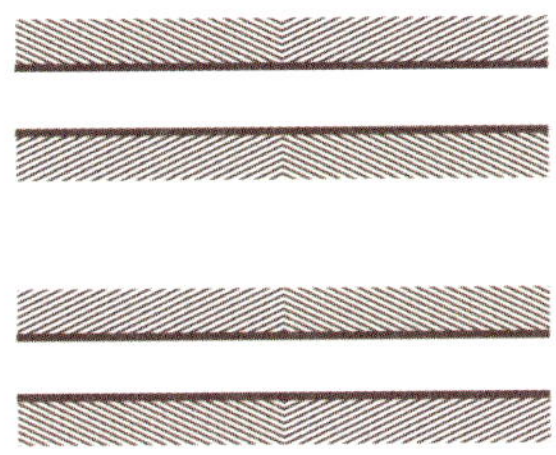

그림 4-23 선의 형태에 따른 착시

② 기둥에 가려진 아치

그림 4-24와 같이 기둥에 의해 절단된 왼쪽 아치의 원호는 기둥이 없을 경우 오른쪽 아치와 연결이 안 될 것처럼 보이나 실제로는 합치하는 경우의 착시현상이다.

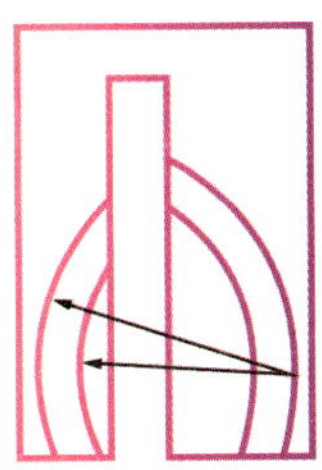

그림 4-24 기둥에 의한 착시

(4) 형태와 크기에 의한 착시

같은 크기라도 먼 곳에 있는 사물일수록 작게 보이는 인간의 시각적 경험이 먼 곳에 있는 것은 작게 보이는 것으로 착각하게 한다. 그림 4-25와 같이 오른쪽 직사각형은 크기 때문에 가까운 것으로 보이고 가운데 것은 오른쪽보다 먼 것으로 보인다. 반대로 지평선은 멀리 있다는 인식 때문에 같은 크기의 물체를 지평선 기준으로 배열하면 지평선에 가까운 물체가 오히려 시각상 크게 보인다.

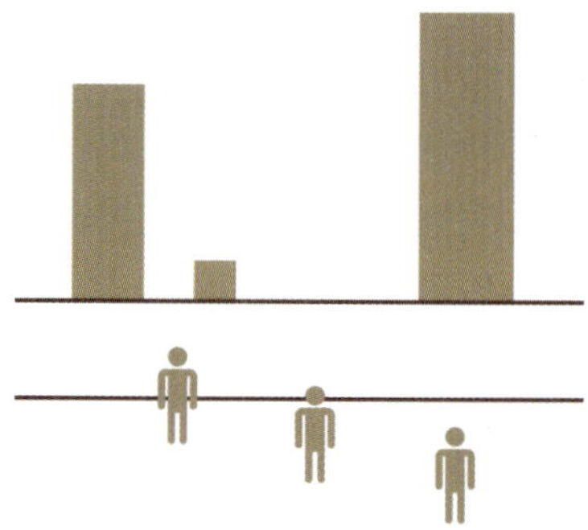

그림 4-25 형태와 크기에 의한 착시

2) 프래그넌스의 법칙

지금까지 알아본 착각의 예는 일상생활에서도 여러 가지 형태로 나타난다. 즉 착각에 있어서 나타나는 현상은 주로 '프래그넌스의 법칙'에 따른다.

① **자동운동**

수 미터 거리에 정지된 광점을 놓고 한동안 응시하면 광점이 움직이는 것처럼 보인다.

② **유도운동**

정지돼 있는 것을 움직이는 것으로 보거나 반대로 운동하는 것을 정지해 있는 것으로 보는 현상

③ **가현운동**

두 개의 정지대상 물체를 0.06초의 시간 간격으로 다른 장소로 이동하면 한 물체가 이동한 것처럼 보이는 현상

지금까지 내용은 보이는 것만이 다가 아니며, 보이는 경우에도 잘못 보는 경우가 존재하는 것이다. 우리가 일반적으로 안전관리를 할 때 이러한 인간의 특성을 고려하지 않을 경우 반복되는 실수와 이 실수로 인한 사고가 연계되어도 대책 없는 안전관리만 할 뿐이다.

8.3 색채관리

평소 인간은 언어를 통하여 의사를 전달하지만 실제로 인간이 받아들이는 정보의 약 80%는 시각적 기능에 의존한다. 다시 말해 우리들은 많은 정보를 눈을 통해 받아들이는 것이다. 이것은 눈을 통해 분위기를 느낀다는 의미이기도 하다.

더욱이 산업심리학 분야의 이론에 따르면 사업장내의 색채는 작업자의 심리적 동기부여를 통해 작업 생산성에 크게 영향을 미치는 요인의 하나라고 알려져 있다.

예전의 외과의사들은 흰색 수술복을 입었다고 한다. 그러나 장시간에 걸친 수술을 반복하면서 흰색 수술복과 빨간색 피로 인해 시각적 피로가 증가함을 깨닫고는 빨간색과 보색인 녹색을 수술복으로 선택하여 피로를 경감시키게 되었다는 것이다.

이렇게 인간의 특성에 맞도록 사무실, 공장설비, 작업환경 등의 색채적 과학화를 도모하여 안전하고 능률적으로 작업할 수 있도록 하는 것을 색채조절(Color Conditioning)이라 하는데, 이미 선진국에서는 공기조절(Air Conditioning)이나 음향조절(Sound Conditioning)과 아울러 재해방지 및 작업능률향상을 위한 주요 대상으로 관리하고 있다.

1) 안전색채

특히 색채관리 사항 중 안전과 관련된 안전색채는 작업의욕의 고취뿐만 아니라 유사시 작업자로 하여금 상황을 쉽게 식별하여 신속하게 재해예방조치를 할 수 있도록 보조하는 수단으로서 재해예방 및 재해확산의 방지라는 점에서 더욱 필수적인 안전관리 대상이다.

사람은 물체에 가까이 다가감에 따라 혹은 가까이 근접해 오는 물체를 보는 경우, 처음에는 매우 먼 거리에 뭔가 있구나 하고 느끼는 데에 지나지 않는다. 그러나 그것이 가까워짐에 따라 다음으로 식별할 수 있는 것은 색깔이다. 이것은 그 색깔을 정확하게 식별할 수 있는가 하는 것과는 별개의 것이다. 물체가 더욱 가까워지면 그 색깔이 분명해지고 더 가까워지면 형태도 분명해진다. 따라서 이때쯤 그 물체가 무엇인지 비로소 인식하게 된다. 그러나 그 물체의 재질은 상당히 가깝지 않으면 인식할 수가 없기 때문에 마지막까지도 미지의 사항으로 남아있는 것이 보통이다.

이처럼 물체의 지각(知覺)은 '**존재 – 색채 – 형태 – 재질**'이라고 하는 순서를 따른다.

그러므로 색채는 빠르고 정확하게, 어디서든, 그리고 누구라도 간단하게 존재나 성질을 전달할 수 있는 특성을 갖는다. 만약 이러한 색채의 기능을 안전성, 생산성, 쾌적성의 향상에 활용할 수 있다면 얼마나 좋겠는가?

바로 이와 같은 목적에서 색깔에 의해 인간이 받는 심리적·생리적 영향을 이용하여 안전기구와 장비 그리고 불안전한 상태 또는 행동을 통제하기 위하여 주의를 끄는 데 사용되는 색채를 안전색채(Safety Color)라고 한다. 색은 미적 효과 외에 감정을 자극하는 효과가 있기 때문이다.

따라서 안전색채 관리의 목적은 인간의 심리적·생리적 특성에 맞추어 기계설비 및 작업환경 등을 채색함으로써 피로의 예방 및 경감, 정신적 긴장의 해소, 인간과오(human error)의 예방을 통해 생산성의 향상을 이루는 데 있다.

특히 안전색채를 활용하여 기기설비의 작동상태를 쉽게 식별할 수 있도록 하고 유사시 신속하게 반응하도록 유도하는 색채상의 보조수단을 색채암호(Color Coding)라고 하는데, 이를 통해 얻을 수 있는 효과는 다음과 같다.

① 장치의 안전감시 및 조작에 의한 인체, 자산, 또는 환경의 안전성을 증강시킨다.
② 장치의 적절한 감시, 조작 및 보전을 용이하게 한다.
③ 조작조건 및 조작기기 위치의 신속한 확인을 용이하게 한다.

2) 색감

색채는 보는 사람의 심리적 상태에 따라 여러 가지 느낌을 갖게 한다. 똑같은 빨간색이라 할지라도 색정적(色情的)으로 보일 수도 있고, 위험하다고 느껴질 수도 있으며, 때로는 식욕을 돋우는 맛있는 색으로 보일 수도 있다.

작업장 내외의 주변색채를 무슨 색으로 채색하느냐에 따라 작업 의욕이 올라가기도 하고 내려가기도 할 것은 분명하다. 따라서 색채를 사용할 때에는 보는 사람으로 하여금 부지불식간에 이러한 영향을 줄 수도 있다는 것을 염두에 두어야 한다.

(1) 명시성

색채에 따라서 잘 보이는 색과 보이지 않는 색이 있다. 이것을 명시성이라고 하는데, 명시성이 높다는 것은 두 색을 서로 대비시켰을 때 멀리서도 확실하게 보인다는 것을 의미한다. 따라서 명시성이 높은 배색이란 명도차가 큰 배색을 말하며, 색상차나 채도차가 클 때도 명시성이 높다. 또한 색의 명시성은 배경과의 명도대비 외에 관찰시간과도 관계가 있다. 명시성을 높이기 위해서는 명도차가 가장 중요한 요인이기 때문에 주위 배경과 명도차가 큰 색을 사용하면 좋은데, 일반적으로 명시성이 높은 색의 순서는 다음과 같다.

① 흰색 배경에서는 녹색 · 빨강 · 파랑 · 보라 · 주황 · 노랑색의 순으로 명시성이 높다.
② 회색 배경에서는 노랑 · 주황 · 빨강 · 녹색 · 파랑 · 보라색의 순으로 명시성이 높다.
③ 검정 배경에서는 노랑 · 주황 · 녹색 · 파랑 · 빨강 · 보라색의 순으로 명시성이 높다.

교통표지나 각종 광고 등에 사용되는 명시성이 높은 색은 눈에 띄기 쉽고 알기 쉬워서 보다 빨리 정보를 전달할 수 있어야 하므로 명시성이 높은 색채들을 이용하게 마련이다. 건물, 도로 등 짙고 옅은 회색이 많은 도시의 거리나 생활환경 속에서 어린이들의 모자 · 비옷 등을 노란색으로 하는 것은, 주위의 색이 회색인 경우 노란색이 가장 명시성이 높다는 사실을 이용하여 명시성과 주목성을 높여 교통사고를 방지하기 위한 것이다.

(2) 주목성

새들 중에는 유난히 눈에 잘 띄는 색이 있다. 이것은 단순히 명시성이 높은 밝은 색이 아니라 보는 사람들의 눈을 잘 끌어당긴다는 표현이 어울리는 성질로서, 다분히 인간의 심리작용에 의해 그렇게 느껴지는 색들이다. 일반적으로 자극성이 강하여 눈에 잘 띄는 색들이 이에 해당되는데 빨강, 노랑, 주황, 등 따뜻한 느낌의 명도나 채도가 높은 색들이 눈에 잘 띄는 반면 친근하고 익숙한 색은 주목성이 낮다.

일반적으로 주목성이 높은 색의 순서는 다음과 같다.

① 흰색 배경에서는 빨강 · 주황 · 노랑 · 녹색 · 파랑 · 보라의 순으로 주목성이 높다.
② 회색 배경에서는 노랑 · 빨강 · 주황 · 파랑 · 녹색 · 보라의 순으로 주목성이 높다.
③ 검정 배경에서는 노랑 · 주황 · 빨강 · 녹색 · 파랑 · 보라의 순으로 주목성이 높다.

반대로 다음과 같은 경우에는 눈에 잘 띄지 않는다.

① 비슷한 색상 혹은 동일계통의 색상끼리 배색하여 색상차가 작은 경우
② 비슷한 명도의 색채끼리 배색하여 명도차가 작은 경우
③ 비슷한 채도의 색채끼리, 저채도의 색채끼리, 또는 저채도와 회색조의 색채를 배색하여 채도차가 작은 경우

상식적으로도 비상정지 스위치류나 동력기계의 운동부분의 색 등은 다른 부분보다 쉽게 눈에 띄는 색을 사용하지 않으면 안 된다.

(3) 보색

모든 색상환에서 마주 보이는 위치에 있는 색들은 서로 아주 다른 특성을 갖고 있다. 이와 같은 색상의 짝을 보색이라고 부른다. 보색끼리 혼합이 되면 회색조(gray tone)가 되며, 선명도도 떨어지게 된다. 만일 같은 분량으로 보색이 섞이게 되면 어느 색의 성질도 갖지 않는 중성색(neutral color)이 된다.

(4) 운동감

따라서 많은 사람들이 공동으로 사용하는 시설을 채색할 경우에는 자칫 잘못하면 뜻하지 않은 결과를 가져올 수 있으므로 매우 주의하여야 한다.

그 대표적인 예로 병원을 들 수 있다. 지금은 병실에 흰색을 칠한 곳이 없다. 예전에는 청결한 이미지를 강조한다는 의미에서 흰색으로 칠하였다고 한다. 그러나 환자들이 흰색으로부터 죽음의 신성함을 연상하게 되고 환자 스스로 치유되고자 하는 의욕이 저하되어 치료율이 현저하게 저하하였다고 보고된 후 흰색은 병실로부터 추방되었다고 한다. 현대적인 병원들이 흰색이 아닌 밝은 상아색 계통의 색을 사용하고 있는 것은 이러한 이유 때문이다. 더욱이 정신병동의 경우에는 보라색 계통이 불안감을 연상케 하여 환자들의 자살시도가 급증한다고 하여 절대 금기(禁忌)로 하고 있다.

이와 같이 색채로부터 연상되는 것은 매우 다양하다. 따라서 색채를 사용할 때에는 연상작용에 주의하지 않으면 안 된다. 작업장도 하루 여덟 시간 생활하는 생활공간으로서, 또한 생산성의 향상과 고품질의 제품생산이라는 목적까지 고려하여 충분히 주의하여야 함은 물론이다.

표 4-7 색에 의한 연상 감정

색상	연상되는 사물	연상되는 추상적 개념
흰색	눈(雪)	신성, 결백, 환희, 순진, 청결, 쾌활 등
검정	흑판, 암흑	죽음, 공포, 비애, 침묵, 절망, 정숙 등
회색	겨울하늘, 아스팔트, 빌딩	고독, 불안, 범죄, 고달픔, 우울, 음침, 절망 등
빨강	입술연지, 혈액, 불	열정, 희열, 애정, 활동, 혁명, 용기 등
주황	감, 귤	쾌락, 양기, 광명, 환희, 의혹 등
노랑	바나나, 유채꽃	희망, 광명, 향상, 유쾌, 성실 등
녹색	어린 잎, 뽕나무, 들판	안식, 위안, 평화, 건전, 착실 등
파랑	바다, 호수, 가을 하늘	침묵, 적막, 냉담, 그윽함 등
보라	나팔꽃	우미, 고귀, 우아, 불안, 온후함 등

9. 작업동기

9.1 작업동기의 정의

Steers와 Porter (1983)는 「동기와 작업행동」(Motivation and Work Behavior)이라는 그들의 저서에서 세 개의 주요한 동기구성요소(動機構成要素)를 밝혔다.

① 에너지를 제공하는(energizing) 요소

② 지향(directing)기능

③ 유지 또는 지탱(maintaining or sustaining)

이들 세 가지 요인을 강조해서 정의하면 작업동기(作業動機)란 작업환경에 관련된 행동의 각성, 지향, 그리고 유지에 영향을 미치는 조건이다.

9.2 작업동기의 이론

작업동기를 작업행동의 연구에서 이론적으로 다루려고 한 것은 최근의 일이다. 1950년대 중반 이전까지 사람들이란 경제적·사회적 이유에서 일을 하는 것이라고 일반적으로 가정되었지만 Mitchell은 조직행동(組織行動)에 관한 논문의 거의 25%가 동기(動機)에 관한 것이라는 것을 밝혔다. 그만큼 현대사회는 변화무쌍하게 돌아가고 있음을 반증하고 있다. 작업동기의 이론 중 대표적인 욕구이론 몇 가지를 소개하면 다음과 같다.

1) 욕구위계이론

사람은 무엇 때문에 일하고, 어떠한 일에 기쁨이나 만족을 느낄까? 사원연수나 관리자 교육의 자리에서 "당신은 어떠한 일을 하고 있을 때 살아있다고 실감하며 만족을 느낍니까?"라는 질문을 하여보았다. 응답의 상위순위가 되는 것은 「아이들과 놀고 있을 때, 자기의 취미에 집중하고 있을 때, 일이 잘 될 때」 등으로 생리적 욕구보다 사회적 욕구가 충족될 때의 기쁨이 더 컸다. 이러한 메커니즘을 잘 설명한 사람이 미국의 심리학자 매슬로우(Maslow A.H.)이다. 그는 그림 4-26에 나타난 것과 같이 인간의 욕구를 5단계로 구분하였다. 즉 음식물, 수면 등 생리적 욕구가 욕구의 강도에 있어 가장 높은 쪽에 위치하고, 이것이 생명의 유지에 최소한 만족될 때까지 대부분이 이것을 위해 노력한다.

이 욕구가 채워지면 다른 욕구가 그 우선순위를 차지하고, 이것이 인간의 행동에 동기를 부여한다고 생각하였다. 자기실현의 욕구란 스스로 '이렇게 있고 싶다, 자기의 힘을 완전히 발휘하고 싶다'고 하는 욕망이고, 이 욕망이 사람을 변화시킨다. 그런데 이러한 욕구는 모든 사람에게 균등하게 나타나고 다 같이 만족되는 것은 아니다. 현실사회에서는 각각의 레벨로 만족되지 않은 부분이 있다. 그는 일반적으로 봐서 생리적 욕구가 5할 채워지고 있다고 하면 자기실현욕구는 1할 정도밖에 충족되지 않는다고 했다. 그런 만큼 이 욕구가 채워지면 사람은 큰 만족감을 느끼게 되는 것이다.

매슬로우의 이 이론은 인간성 중시에 관점을 두고 있기 때문에 그 후의 경영관리론에 큰 영향을 미치게 되었다. 그렇지만 계층성 반정(反定)의 증명이 불충분한 것이나 욕구의 의미부여가 불명확한 것 등이 문제점으로 지적되어 이 이론을 수정할만한 것이 등장했다. 그 대표적인 것이 알더퍼(Alderfer C.P.)의 ERG 이론이다.

그는 생존의 욕구(existence), 관계의 욕구(relatedness), 성장의 욕구(growth)의 3계층을 주장하고 있지만 이 이론은 상세하게 馬長昌雄이 해설했다.

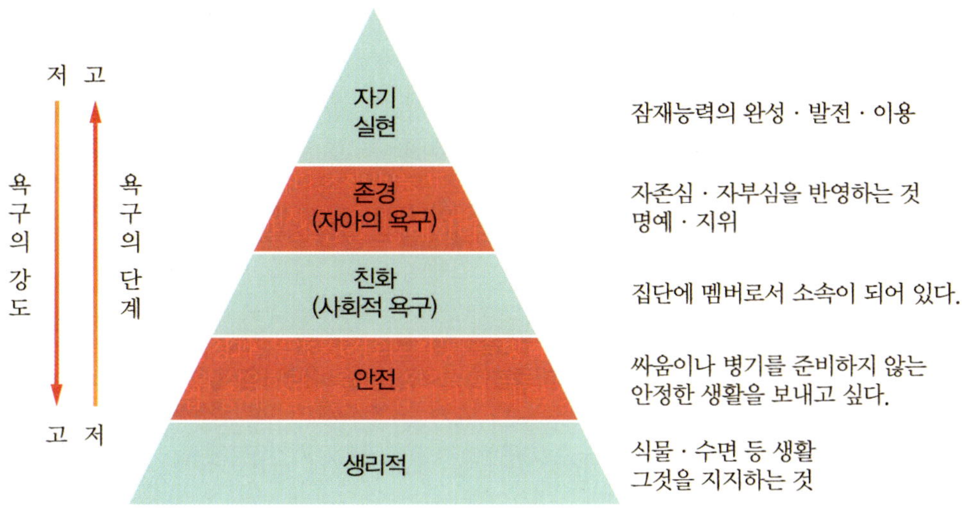

그림 4-26 매슬로우의 욕구 5단계설

2) ERG 이론

Alderfer (1969, 1972)는 Maslow의 이론과 밀접하게 관련된 대체이론을 제안하였다. 그는 그의 이론을 생존, 관계, 성장(Existence, Relatedness, Growth : ERG)이론이라고 불렀다. 그것들의 특징은 다음과 같다.

① 생존욕구

이것들은 유기체의 신체적 생존에 관한 욕구이다. 이것들은 의식주와 같은 기본적인 것을 포함하며, 이들 요인들을 달성하기 위해 작업조직에 의해 제공되는 수단, 예컨대 봉급, 부가급부, 안전한 작업조건 및 직무안정 등의 수단을 포함한다.

② 관계욕구

이것들은 직무에 관계되어 있거나 관련이 없거나 타인과의 상호작용을 통해 만족되는 대인욕구이다.

③ **성장욕구**

이것들은 개인적인 발전과 증진에 관한 욕구이다. 이것들은 그에게 중요한 어떠한 능력이나 잠재력을 발전시킴으로써 충족된다.

Alderfer의 욕구목록가 Maslow의 것보다 더 완전하지도 또 더 개념적으로 명료하지도 않지만, 그가 제안한 과정은 약간의 분명한 진전이 있다. 무엇보다도 먼저 ERG 이론은 위계적 순위에 별로 강조를 두고 있지 않다. 하나 이상의 욕구가 한꺼번에 작용할 수 있으며 한 가지 욕구의 만족은 다음의 하위욕구로 진행될 수도 있고 안 될 수도 있다는 이론이다.

3) 이요인(二要因) 이론(two-factor theory)

Herzberg (1959) 등은 1966년에 발간한 그의 저서에서 동기이론으로 채택된 직무만족이론을 제시하였다. 그의 이론이 동기에 관해 가지고 있는 함축성은 많은 주목을 받아 왔으며 직무설계에 상당한 영향을 미쳤다. 최초의 연구결과는 그림 4-27과 같다. 여기서 높은 직무태도 경우와 낮은 직무태도 경우란 그들의 작업에 관해 각각 좋은 느낌과 나쁜 느낌을 갖게 하는 것으로 기술되는 경우이다.

높은 직무태도와 관련된 경우(event)들은 일반적으로 직무활동과 직·간접적으로 연결된 것으로 성취, 인정, 작업 자체, 책임과 승진 등에 관심이 많았으며, 이들 요인들은 그것들이 직무만족과 관련되어 있다. 궁극적으로 표출하면 일반적으로 높은 직무태도상황과 관련되기 때문에 그것들을 동기유발인(motivators), 만족제공인(satisfiers)이라고 부른다.

낮은 직무태도도 상황과 뚜렷하게 관련된 경우는 직무활동보다는 직무맥락에 관련된 것이다. 이것들은 위생요인(hygiene factors), 불만족제공인(dissatisfiers)이라고 한다.

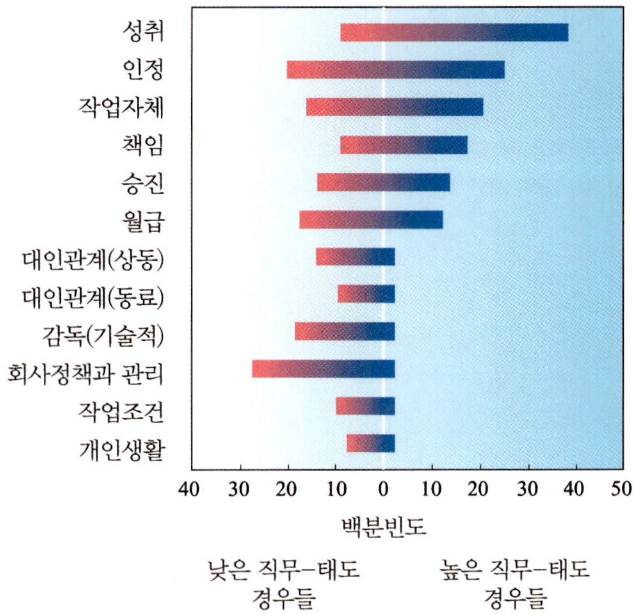

그림 4-27 각 범주에 드러난 높은 낮은 직무태도 연쇄들의 백분율

4) 기대이론

이 이론은 합리적-경제적 인간관에 근거한 이론이다. 이것은 사람이란 대체적인 행동진로 중에서 그 당시 가장 이익이 되는 듯한 행동을 선택하는 의사결정자라고 가정하고 있다. 그러나 그 선택이 실제로 가장 이익이 되는 것일 필요는 없다. 사람이란 여러 대체안을 인식하는 그들의 합리성과 능력에 한계가 있음을 인정한다. 사람의 의사결정은 억제할 수 없는 습관이나 다른 요인들에 의해서 또한 제한된다. 그럼에도 불구하고 사람이란 인지적으로 대체안들을 고려하여 자신의 능력한계 내에서 선택을 한다고 이론은 가정한다.

산업현장에 있는 작업자들의 형태를 살펴보면 항상 문제가 되는 것이 안전준칙이라는 개념의 단어이다. 이 기대이론의 정의대로 가장 그 순간 이익이 되는 행동을 하게 되는데 이것이 안전이행과는 역행하는 경우가 많다. 안전은 기대이론의 이론보다는 항상 우선적으로 하는 필수사항이지 선택사항이 아닌 것이다.

5) X이론 · Y이론

매슬로우 욕구 5단계설에 입각하면서 동기부여 이론을 발전시킨 것은 맥그리거(McGregor D.)이다. 그는 의사결정이 상층부에 집중하여 피라미드형의 직제가 관철되고 작업이 외부에서 통제되는 전통적 조직은 동기부여에 관한 어떤 가설에 따라서 운영되고 있다고 생각하고 이 가설을 X이론이라 이름 붙였다. 즉, X이론으로서 대다수의 사람은 명령받는 것을 선호하고 스스로 책임을 지고 싶어 하지 않으며, 무엇보다도 안정을 바라고 있다고 생각했다. 그리고 이 이론에는 인간은 임금, 복리후생 등에 의해서 동기가 부여된다고 하는 신념이 내포되고 있다. 그렇지만 이러한 인간관에 의문이 생기게 되어서 후에 그는 또 하나의 이론을 전개하였는데, 이것이 Y이론이라고 불리는 것이다. Y이론에 의하면 인간의 본성은 나태하지도 않고 신뢰할 수 없는 것도 아니라고 생각했다. 사람은 적절히 동기가 부여되면 일에 있어서도 자율성이 발휘되고 창조적으로 된다고 생각했다. 따라서, 인간의 이 힘을 개발하는 것이 관리 · 감독자의 임무라고 주장했다.

6) 정신위생

스트레스를 받은 사람이 느끼고 있는 스트레스 반응의 강함을 재고자 하는 것으로서 표 4-8은 그 대표적인 것이다.

(1) 관리감독자교육

직장의 정신위생관리를 추진할 때 관리감독자에게 인간에의 관심을 높인다는 것과 같은 교육과정의 충실을 꾀한다. 표 4-8은 「중간관리자의 정신위생관리에 관한 앙케트 조사보고」로부터 발췌한 것이다. 「꾹 참았다」, 「술을 마셨다」, 「취미생활에 몰두했다」 등은 상식적으로 이해할 수 있지만 「상사에게 상담하였다」 (22.0%)가 제 4위로 되어있는 것은 예상외이다. 상담을 받는 상사의 청해능력, 대화술이 중요하게 된 것은 이러한 자료로부터도 뒷받침된다.

표 4-8 직장 스트레스의 해결방안(정신위생케어조사연구위원회, 1991)

해 결 방 안	건수(%)
가만히 참았다.	2,588 (54.7%)
술을 마셨다.	1,754 (37.1%)
취미에 몰두했다.	1,315 (27.8%)
상사에게 상담했다.	1,043 (22.0%)
동료에게 상담했다.	965 (20.4%)
부인과 이야기를 나누었다.	926 (19.6%)
회사내 친구에게 상담했다.	697 (14.7%)
여행을 했다.	221 (4.7%)
회사 외 친구에게 상담했다.	204 (4.3%)
회사를 쉬었다.	105 (2.2%)
처 이외의 가족과 이야기를 나누었다.	48 (1.2%)
직장산업의, 보건부, 카운슬러와 이야기를 나누었다.	45 (1.0%)
의료기관에서 치료를 받았다.	32 (0.7%)
그 외	353(7.5%)
합 계	10,296 (4,734인)

(복수회답)

Chap 5

인간과오

1. 인간과오

1. 인간과오

1.1 인간과오의 정의

① 인간과오(Human Error)는 허용범위에서 벗어난 일련의 불완전한 행동으로서 인간이 명시된 정확도, 순서, 시간한계 내에서 지정된 행위를 하지 못하는 것이며, 그 결과 시스템 등의 성능과 출력에 부정적 역할이나 중단을 초래하는 것이다.

② 메이스터(Meister)는 인간과오를 「시스템의 성능, 안전, 효율을 저하시키거나 감소시킬 수 있는 잠재력을 갖고 있는 부적절하거나 원치 않는 인간의 결정 또는 행동으로 어떤 허용범위를 벗어난 일련의 인간동작 중의 하나」라고 하였다.

③ 스와인(Swain)과 릭비(Rigby)는 「인간과오를 이해하기 위해 먼저 인간의 다양성(Human Variability)을 이해해야 하며, 인간보다 더 다양하고 변화로운 것은 없으며 아무도 똑같은 방법으로 정확히 두 번을 수행하는 사람은 없다. 에러와 성공은 인간본질에서 분리할 수 없는 요소이며, 아무것도 하지 않으면 실수도 없게 된다」고 하였다.

1.2 인간과오의 유형

휴먼에러는 작업자를 포함하여 모든 사람에게 적용되는 주제이나 본 내용에서는 작업장 휴먼에러를 기본적으로 다루고자 한다. 작업장에서 휴먼에러를 근본적으로 방지하기 위해서는 작업자의 잠재된 불안전 인식과 개념, 의지, 행동이 안전범주 안에서 유지되도록 안전관리의 관심을 작업자에 두어야 휴먼에러를 그나마 방지할 수 있는 것이다.

여기에 안전관리의 어려움이 있다. 이 어려움은 관리 대상 전체가 사람에게 있기 때문이다. 이런 이유로 대부분 안전관리의 경우 휴먼에러를 방지하려고 여러 번 시도를 했으나 주변의 협조 부족과 자신과 현장 구성원의 의지 및 지식 부족으로 말미암아 좌절을 해본 경험이 있다. 이런 실패를 거듭하다보니 다시 보여주는 안전관리로 돌아가는 악순환을 반복하게 되는 것이다.

이처럼 휴먼에러를 완전히 제거한다는 것은 매우 어렵지만 이루지 못할 불가능한 목표는 아니다. 휴먼에러 예방은 작업자의 개인적 특성을 이해하고, 에러 예방이라는 목표를 이루고자 하는 의지와 작업 조건과 환경을 지속적으로 제공한다면 휴먼에러를 분명히 최소화 할 수 있는 것이다. 더불어 근로자들과의 소통을 통한 세심한 관리, 상호 신뢰 구축 등의 노력이 필요하며, 현장에서 근무하는 작업자가 근무하기에 건강한가를 먼저 생각해야 할 것이다. 표 5-1은 에러의 형태적 분류와 원인적 분류에 대해 간략하게 요약한 것이다.

표 5-1 에러의 형태적 분류와 원인적 분류

<table>
<tr><td rowspan="6">형태적 분류</td><td rowspan="3">행동
(action)</td><td>불완전(incomplete)</td></tr>
<tr><td>부적절(inappropriate)</td></tr>
<tr><td>불이행(missed)</td></tr>
<tr><td rowspan="3">확인
(checking)</td><td>불완전(incomplete)</td></tr>
<tr><td>부적절(inappropriate)</td></tr>
<tr><td>불이행(missed)</td></tr>
<tr><td rowspan="7">원인적 분류</td><td rowspan="2">실수
(slip and lapse)</td><td>행동 실수(slip)</td></tr>
<tr><td>기억 실수(lapse)</td></tr>
<tr><td rowspan="2">착오
(mistake)</td><td>규칙기반착오(rule-based mistake)</td></tr>
<tr><td>지식기반착오(knowledge-based mistake)</td></tr>
<tr><td rowspan="3">위반
(violation)</td><td>일상적 위반(routine violation)</td></tr>
<tr><td>상황적 위반(situational violation)</td></tr>
<tr><td>예외적 위반(exceptional violation)</td></tr>
</table>

(1) 인간의 착오와 실수요인

① 능력부족 : 적성, 지식, 기술, 인간관계 등

② 주의부족 : 개성, 감정의 불안정, 습관성 등

③ 환경조건 부적당 : 표준불량, 규칙 불충분, 연락 및 의사소통불량, 작업조건불량 등

(2) 인지과정 착오의 요인

① 생리적 · 심리적 능력의 한계
② 정보량 저장 능력의 한계
③ 감각 차단 현상(예 : 단조로운 업무 등)
④ 정서 불안정

(3) 판단과정 착오의 요인

① 자기 합리화
② 능력 부족(예 : 지식, 적성, 기술 등)
③ 정보 부족
④ 과신(예 : 자신 과잉 등)

(4) 조치과정 착오의 요인

① 작업자의 기능 미숙(예 : 지식이나 기술 부족 등)
② 작업경험 부족
③ 피로
④ 착오 메커니즘

- 위치의 착오
- 순서의 착오
- 패턴의 착오
- 형(type)의 착오
- 잘못기억
- 안전대화
- 카운슬링 : 해당 전문가로부터 문제에 대한 상담, 협의, 권고, 조언, 충고를 받는 것을 의미한다.

(5) 심리적, 기타 요인

① 불안이나 공포
② 과로나 수면부족 등

(6) 착오를 유발할 수 있는 인간의식의 공통적 경향

① 의식은 현상의 대응력에 한계가 있다.
② 의식은 그 초점에서 멀어질수록 희미해진다.
③ 당면한 문제에 의식의 초점이 합치되지 않고 있을 때는 대응력이 저감된다.
④ 인간의 의식은 중단되는 경향이 있다.
⑤ 인간의 의식은 파동한다. 즉, 극도의 긴장을 유지할 수 있는 시간은 불과 수초이며, 긴장 후에는 반드시 이완한다.

1.3 Error의 요인

인간의 과오요인은 생각하기에 따라 여러 가지로 분류될 수 있으나 다음과 같은 범주로 크게 나뉘는데, 과오의 가능성을 높인다는 것일 뿐 필요조건도 충분조건도 아니라는 사실에 유념해야 한다.

① 작업자의 개인적 특성 : 불충분한 지식과 능력, 경험과 훈련, 성격, 기호, 부족한 동기, 낮은 사기
② 작업의 교육, 훈련, 교시 등의 문제 : 훈련부족, 감독의 잘못된 지도, 매너리즘
③ 직장의 성격 : 무리한 작업시간대, 높은 직장이직율, error에 무관심
④ 작업 자체의 특성과 환경조건 : 상황파악과 예측이 어려운 국면
⑤ 인간-기계계의 인간공학적 설계상의 결함에서 가장 중요한 것이 양립성의 원칙이다.

양립성 원칙	① 공간(spatial) : 표시장치, 배열
	② 운동(movement) : volume 단자
	③ 개념(conceptual) : 신호체계의 청색

상기 내용을 요약해서 정리하면 인간과오의 심리적 요인 및 생리적 요인으로 구분할 수 있으며 그 내용은 다음과 같다.

1) 심리적요인

(1) 장면행동

어떤 방향으로 강한 욕망이 있으면 그 방향에만 몰두하는 행동을 말한다.

(2) 망각

독일의 에빙하우스(Ebbinghaus)가 제안한 사람의 기억율은 다음과 같다.

$$\text{기억률} = \frac{\text{최초로 기억하는데 걸리는 시간} - \text{그 후에 기억하는데 걸리는 시간}}{\text{최초로 기억하는데 걸리는 시간}}$$

그림 5-1에서 알 수 있듯이 30분이 경과하면 반은 잊어버리기 때문에 메모는 항상 필요하다.

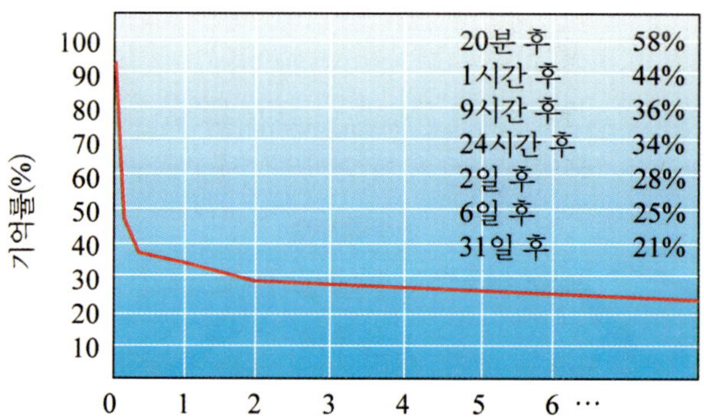

그림 5-1 에빙하우스의 망각곡선

(3) 잡념

잡념은 작업에 대한 주의력의 작용을 자주 중단한다. 가장 많은 경우가 가족의 병, 빚, 인간관계의 부조화, 이성과의 관계 등이다.

(4) 무의식행동

주변적동작은 의식의 중심에 없는 습관적동작을 무의식적으로 해버리고 걱정을 하고 있을 때도 무의식 동작을 동반한다.

(5) 위험감각

같은 기계설비나 환경에 대해 어떤 사람은 위험을 인정하지만 일부 별로 위험하지 않다고 인식하는 직장에서는 반드시 재해가 일어난다.

(6) 지름길의 반응

지름길의 반응이란 그 이름 그대로 통행할 길이 있음에도 불구하고 가능한 한 가까운 길을 걸어 빨리 목적장소에 도달하려고 하는 것을 말한다.

(7) 생략행위

지름길행위와 매우 닮은 행동이며 소정의 작업용구를 사용하지 않고 근처의 용구로 적당히 하거나 보호구의 미사용, 정해진 작업순서를 빼먹는 행동 등이 있다.

(8) 억측판단

억측판단이란 제멋대로 하는 주관적 판단이나 희망적 관찰에 의거하여 이 정도면 될 것이라고 확인하지 않고 행동으로 옮겨버리는 것이다.

(9) 착오(착각)

착오는 크게 시각적 착오와 청각적 착오로 대별된다. 각각의 특성은 다음과 같다.

① 시각적 착오 : 온난색은 크게 보인다. 밸브가 높은 것은 크게 보인다.
② 청각적 착오 : 유사언어의 혼동, 숫자의 잘못 듣기 대칭어의 교체

(10) 익숙

익숙한 것이 지나쳐 실수를 하는 경우가 많다. 대체적으로 숙련자는 에러 확률이 초보자보다는 떨어지나 숙련자도 다음과 같은 이유로 에러를 자주 범하게 된다.

① 여러 해 같은 일을 하고 있다. - 습관동작이 나온다.
② 일을 잘 알고 있다. - 지레짐작한다.
③ 일을 능숙하게 할 수 있다. - 빼먹는다.
④ 일에 자신을 가지고 있다. - 확인하지 않는다.
⑤ 빨리 일을 할 수 있다. - 다른 일에 손을 댄다.

(11) 성격

성격과 재해 경향의 관련은 그다지 명확하지 않지만 다음 성격의 특성에는 주목해야하는 가치가 충분히 있다.

① 주의 일탈성(주의가 곧 벗어난다)
② 천려성(중요한 때도 주의하지 않는다)
③ 집단이반성(규칙이나 습관을 수용하기 어렵다)
④ 대인 불감성(타인에게 영향을 주지 못한다)
⑤ 고통감 이상성(고통을 예사로 생각한다)
⑥ 자기과신성(자신이 너무 지나치고 위험감각이 약하다)
⑦ 사회부적응성(자기주장이 강하고 팀워크나 그룹의 목표에 무관심하다)

2) 생리적요인

(1) 피로

여기서 피로라 하는 것은 능률의 저하, 생체의 다각적인 기능 변화, 피로자각 등의 변화가 일어나는 것을 말한다.

(2) 수면부족

수면부족 상태에서는

① 졸리다고 느낀다. 특히 오후에 이 느낌이 강해진다.
② 신체가 나른하고 활력이 부족한 느낌이 든다.
③ 자율신경계에 장해가 나타나기 쉽다(식욕부진, 구토 등).

④ 의욕을 잃는다.
⑤ 주의가 집중되지 않는다.

(3) 신체기능의 부적응

신체구조가 왼손잡이인지, 오른손잡이인지를 고려하지 않는 공구나 작업장 설계 등에서 문제나 나타나며, 일반적으로 지각능력이 동작의 성적에 비교하여 뛰어난 지각형의 사람에게 무사고자가 많고, 반대로 동작쪽이 빠르고 지각판단이 신속하지 않은 중에 손이 먼저 움직여버리는 동작형의 사람에게 사고가 많은 경향을 나타내고 있다.

(4) 알코올

알코올은 정상적인 사람에게 있어서도 에러의 확률이 매우 높게 나타난다.

(5) 질병

(6) 연령

3) Error를 유발하기 쉬운 국면

(1) 공동작업

① 2명 이상의 작업자에 의한 작업 step 사이
② 고속에서의 수동제어 사이
③ 분산 배치되어 있는 조작반의 수동제어 사이

(2) 속도와 정확성

① 고속을 요하는 작업
② 극도로 정확한 timing을 요하는 작업
③ 의사결정시간이 짧은 작업

(3) 식별

① 두 개 이상의 표시장치에 대한 빠른 변화의 비교
② 다수의 입력원에 기초한 의사결정
③ 장시간에 걸친 표시장치의 감시

1.4 대뇌활동

1) 대뇌 활동도와 의식수준의 변화

인간의 의식은 항상 일정 수준에 머물러 있는 것이 아니라 상황에 따라 또는 시간에 따라 변화하는데, 일반적으로 다음과 같은 5단계 모형이 널리 알려져 있다.

① 0단계는 의식을 잃은 상태이므로 작업수행과는 관계가 없다.
② I단계는 과로했을 때나 야간작업을 했을 때 볼 수 있는 수준으로 부주의 상태가 강해서 인간과오가 빈발한다. 운전작업에서는 전방주시 부주의나 졸음운전 등이 일어나기 쉽다. 단조작업도 여기에 해당한다.
③ II단계는 휴식 시에 볼 수 있는데, 주의력이 상향적으로 기능하지 못하기 때문에 무심코 과오를 저지르기 쉽다.
④ III단계는 적극적 활동시의 명쾌한 의식으로 전두엽이 활발히 움직이므로 주의의 범위가 넓고, 과오를 일으키는 일은 거의 없다.
⑤ IV단계는 과도 긴장 시 또는 감정흥분 시의 의식수준으로 뇌의 활동력은 높지만, 주의가 눈앞의 한 곳에 집중되고 냉정함이 결여되어 판단은 둔화된다.

과오의 가능성은 IV단계일 때 최대이고 I단계, II단계의 순이며, III단계의 과오발생 가능성이 최소가 된다. 이렇게 보면 안전을 유지하기 위해서는 III단계가 바람직하므로 작업 중에는 항상 긴장하면 된다고도 말할 수 있으나 이 III단계는 오래 지속될 수 없다. 오히려 무리하게 계속하면 피로해지기 때문에 의식수준이 I단계로 떨어져 생각할 수 없는 곳에서 과오가 발생하게 된다.

작업 중의 3/4 정도는 II단계이고 습관화된 정상작업은 대개 II단계에서도 처리될 수 있으므로 II단계의 의식수준에서도 식별될 수 있도록 작업을 설계하는 것이 인간공학적인 해결방법이다.

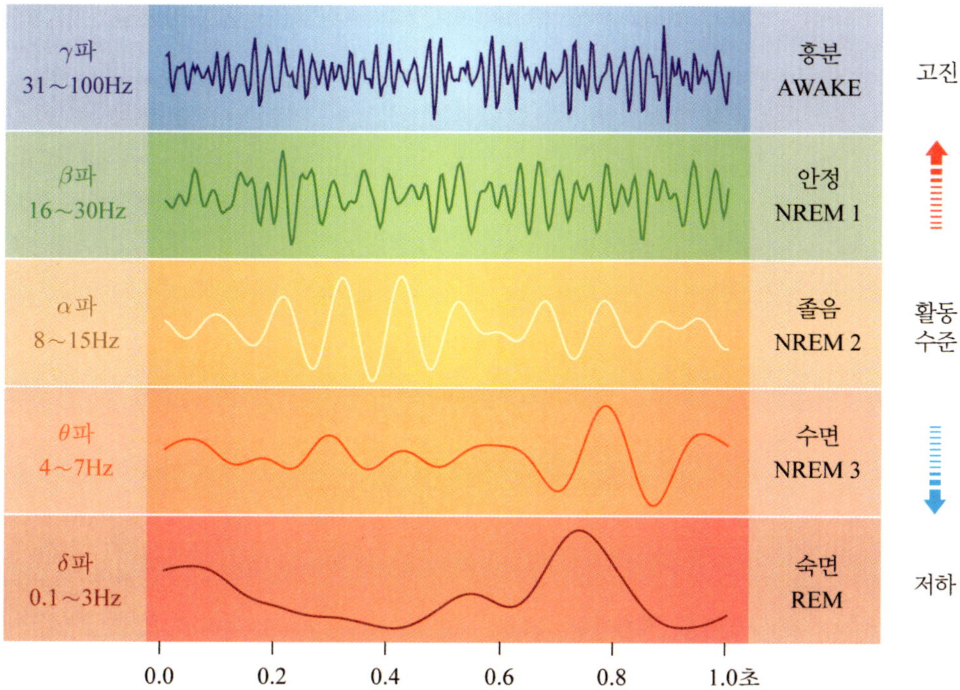

그림 5-2 인간의 의식수준과 뇌파형태

2) 인간의 행동수준

인간의 행동수준의 발표는 여러 가지가 있으나 이 중 Rasmussen의 인간행동수준 3단계를 설명하면 다음과 같다.

① 반사조작 수준

외부의 자극을 아무런 생각 없이 반사운동처럼 수행한다. 오랜 기간의 숙련이나 선천적인 본능에 의해 주시하지 않고도 수행하는 행동이 이에 해당된다.

② 규칙수준

외부로부터의 자극을 경험에 의해 판단하고 해당되는 행동규칙에 따라 반응한다. 일상적인 반복작업이 여기에 해당된다.

③ 지식수준

외부로부터의 복잡 다양한 자극에 심사숙고하여 의사결정을 내리고 그 판단에 따라 수행하여야 할 행동과 그 순서를 결정, 수행함으로써 문제를 해결한다. 예기치 못한 사건이나 복잡한 문제를 해결하는 의식수준이다. 외부의 자극이 반사조작수준의 행동을 요구하는 데 반해 인간의 반응 행동수준이 지식수준이라면 반응의 지연에 따른 과오가 발생하며, 외부의 자극이 규칙수준의 행동을 요구하는데 비해 인간의 반응이 반사조작수준이라면 그 역시 과오의 발생 소지가 높다.

이와 같이 자극과 반응의 대응수준이 합치할 때만 정상적인 작업수행이 가능하며, 그 대응 수준이 서로 맞지 않거나 의식주준의 전이(轉移)에 시간지연이 과다할 경우에는 인간과오가 발생한다.

1.5 인간과오 방지를 위한 대책

인간의 과오를 감소시키기 위한 방법에는 여러 가지가 있을 수 있다. 중요한 것은 예측 또는 예기수준이 높으면 과오를 줄일 수 있다는 점으로 미확인이나 망각방지를 위한 관리기법 중의 하나가 체크리스트(checklist)법이다.

1) 인간과오를 줄이기 위한 일반적 고려사항 및 대책

① 작업자 특성조사에 의한 부적격자의 배제
② 가능한 한 많은 인간과오에 대한 정보의 획득
③ 시각 및 청각에 좋은 조건으로의 정비
④ 오인하기 쉬운 조건의 삭제
⑤ 오판하기 쉬운 방향성의 고려
⑥ 오판율을 적게 하기 위한 표시장치의 고려
⑦ 시간 요소 고려
⑧ 책임추궁보다는 원인분석 철저

⑨ 당사자의 문제보다는 시스템 문제라는 인식

⑩ 에러의 원인분석은 P－D－C－A 싸이클을 통해 지속적으로 실행

⑪ 잠재적 에러를 파악하여 미연에 방지대책 세움

2) 인적 요인에 관한 대책(인간측면의 행동 감수성 고려)

① 작업에 대한 교육 및 훈련과 작업 전・후 회의 소집

② 작업의 모의훈련으로 시나리오에 의한 리허설

③ 소집단 활동의 활성화

④ 숙달된 전문인력의 적재적소 배치 등

3) 설비 및 작업 환경요인에 관한 대책

① 사전 위험요인의 제거

② Fail safe, Fool proof system (자동작동정지, 양손 누름단추, 뒷면 스위치 등) 도입

㉠ Fail safe는 기계의 에러나 동작상의 에러가 있어도 안전사고를 발생시키지 않도록 2중 또는 3중으로 통제를 가하는 것을 말한다(예 : 엘리베이터 줄, 전기 퓨즈).

㉡ Fool proof는 사용자가 잘못된 조작을 하더라도 이로 인해 기기의 고장이 발생하지 않도록 설계하는 방법이다(예 : 세탁기 콘센트 구조).

③ 예지정보, 인공지능 활용 등의 정보의 피드백(information feedback)

④ 경보 시스템(예고 경보, 비과다 정보, 의식 레벨 분류 등)

⑤ 대중의 선호도 활용(습관, 관습 등)

⑥ 시인성(색, 크기, 형태, 위치, 변화성 나열 등)

⑦ 인체 측정값에 의한 인간공학적 설계 및 적합화

4) 관리요인에 의한 대책

① 안전에 대한 분위기 조성

㉠ 안전에 대한 엄격함과 중요함 인식

㉡ 사기진작과 인간관계 및 의사소통 등

② 설비, 환경의 사전 개선

㉠ 작업자 특성과 설비, 환경적 시스템과의 적합성 분석 등

5) 인간과오의 사례 수집 및 분석

데이터, 정보 교류와 공유를 통한 상호 논의 및 소개

① 산업현장에서의 재해사례

㉠ 업종별 사망재해 발생현황 및 분석

㉡ 형태별 재해 발생현황 및 분석

㉢ 원인별 재해 발생현황 및 분석 등

Chap 6

요통

1. 요통이란

인구의 80% 정도가 일생동안 한 번쯤은 요통으로 고생한다. 7~10%는 만성요통으로 고생하며 1%는 요통으로 신체장애를 갖게 된다. 요통의 흔한 원인으로는 허리 근육통(요추・천추부 염좌)과 디스크(추간판탈출증), 척추관협착증, 척추의 퇴행성 관절염과 심리적 원인 등이 있다.

1.1 요통의 종류

1) 급성요통

요추에 직접적인 외상 및 충격, 중량물 인양 및 운반, 갑자기 허리를 비틀었을 때 요추연부 조직에 뚜렷한 손상을 입을 경우 추간판 내의 외상적 변화, 기타 인대 조직의 신전 또는 파열을 일으킨 경우이다. 급성요통은 비교적 예후가 좋아 치료를 하든 하지 않든 6주 이내에 80% 이상 낫는다. 물리치료와 약물치료, 침상안정 등이 효과가 있다.

2) 만성요통

만성은 직업적인 요인, 운동부족, 나쁜 생활습관, 정신적 요인 등이 복합적으로 작용해서 허리에 지속적으로 부담을 주기 때문에 발생한다. 한편 살이 쪄서 배가 나오면 무게 중심이 앞으로 쏠리면서 척추에 부담이 가중돼 요통이 생긴다. 임신부가 요통을 호소하는 것도 이 때문이다. 만성 요통은 체중을 줄이고 허리강화 운동을 하고, 자세를 교정하는 등의 노력을 해야 한다.

3) 디스크

디스크는 척추와 척추사이 쿠션역할을 하는 디스크가 튀어나와 다리로 가는 신경을 누르는 상태이다. 나이가 들면 디스크가 탄력을 잃게 되는데, 부자연스런 자세 등으로 갑자기 허리에 무리한 힘이 가해지면 디스크가 밖으로 돌출하게 된다. 디스크라 해서 수술이 꼭 필요한 것은 아니며, 3~4주 안정을 취하면 70% 정도가 증세가 호전되기 때문에 수술의 결정은 신중히 해야 한다.

4) 척추관협착증

척추관협착증이란 척추관이 좁아져 신경을 누르는 것으로 척추의 퇴행성 변화나 디스크를 오래 앓은 사람에게 많다. 조금만 걸어도 다리가 당기고 저려 와서 쉬었다 가야 하는 것이 특징적인 증세로 이러한 증세가 가벼우면 약물치료나 물리치료 등의 보존적 치료 등으로 치료하지만 증세가 심하면 수술을 받아야 한다.

1.2 요통재해 발생원인 분석 및 대책

1) 요통재해 발생현황 및 분석

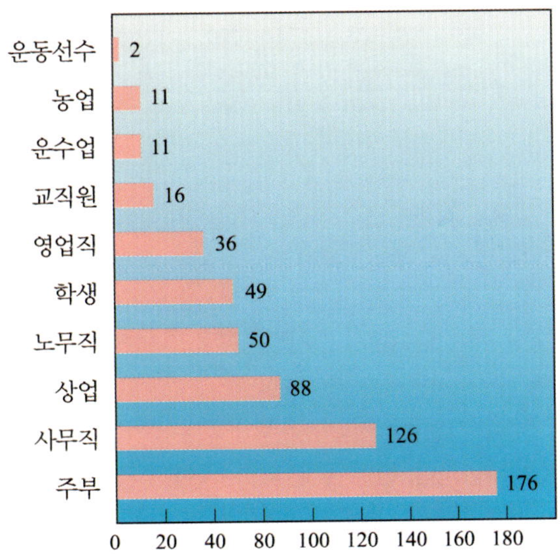

그림 6-1 직업별 요통 발생현황

2) 요통 질환을 예방하는 올바른 자세 생활

척추 문제의 최대의 적은 중력(gravity)이다. 운전만을 직업으로 하는 사람들과 같이 계속해서 편향된 자세로 일을 한다든지, 아니면 골프와 같이 편향된 운동만을 계속한다든지, 나쁜 자세로 오랫동안 앉아 공부하거나 사무를 보는 것이 습관화 되었다든지, 나쁜 자세로 잠을 자고 나쁜 자세로 걸어 다니거나, 어렸을 때부터 바이올린 같은 편향된 악기나 편향된 운동을 오랫동안 계속 한다든지, 체중이 정상치 이상으로 많이 나간다든지 하면 이 중력은 어느 한 부위에 집중되거나 어느 한쪽 면으로만 쏠리게 되어 근육이나 골격, 인대, 추간 디스크 등에 무리한 부담을 주게 되어 척추신경을 비롯한 자율신경 및 그 장기들에 이르기까지 광범위한 척추문제를 일으키게 되는 것이다.

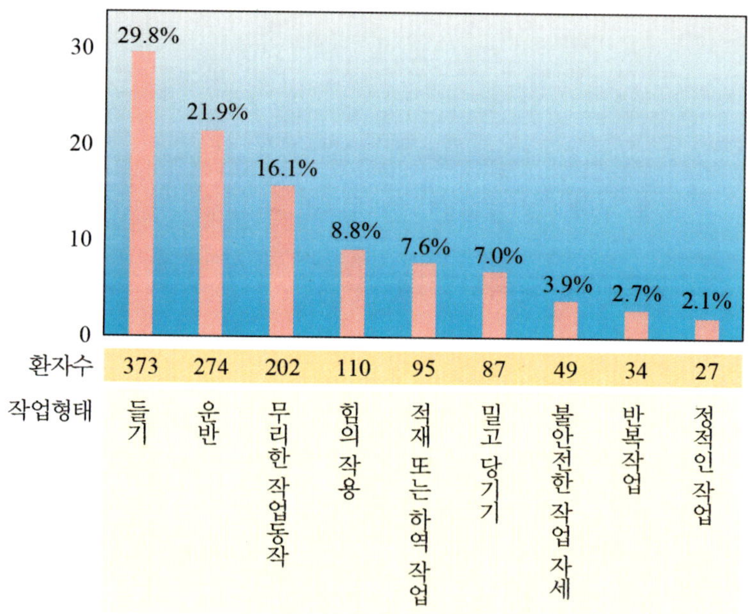

그림 6-2 작업별 요통 발생현황

나쁜 자세와 잘못된 척추의 만곡을 오랫동안 방치한다면 갑작스런 외상이나 만성적인 외상이 보다 잘 일어나게 되며 요통, 좌골 신경통, 디스크 질환, 척추측만증, 요추전만증, 척추후만증, 목통증 등의 척추 질환과 팔다리 저림증 및 감각 이상, 팔다리의 마비, 만성 소화불량과 같은 장기의 기능 저하 등 신경학적인 질환 및 뼈, 관절 등의 각종 퇴행성 변화, 견비통, 만성 두통, 만성피로 등의 구조적인 질환들을 일으키는 직접적인 원인이 되기 때문에 척추 문제를 치료하거나 예방하려면 올바른 자세를 갖는 것이 최우선이 되어야 한다.

(1) 서 있을 때와 걸어 다닐 때의 자세

우리의 일상생활은 주로 허리를 앞으로 굽히고 고개를 앞으로 숙이는 동작을 많이 하게 된다. 책을 읽거나 공부할 때도 그렇고 사무를 볼 때도, 화투놀이를 할 때도, 일을 할 때, 골프를 칠 때도 그렇다. 그래서 대부분의 체형들이 고개는 앞으로 나가고 등은 뒤로 휘며 허리는 상대적으로 앞으로 많이 꺾이게 된다. 이렇게 되면 상체의 체중이 적당히 분산되지 않고 허리에 몰리게 되어 허리의 추간디스크를 좁게 하고 허리에 있는 근육과 인대에 부담을 가중시켜 척추 문제를 일으키게 한다.

① 걸을 때는 고개는 뒤로 젖히고 가슴은 들어서 앞으로 내밀고 골반은 뒤로 빼 주어야 한다. 이렇게 정상적인 척추의 만곡을 유지한 채 곧바로 서야 되며 걸을 때도 이 자세를 유지해야 된다. 물론 처음에는 이런 자세를 유지하기가 매우 힘들 것이다.

② 서 있을 때는 양다리에 걸리는 체중을 수시로 바꾸면서 자세를 유지하는 것이 좋고, 한 쪽다리를 발 받침대에 올려놓는 것이 좋다.

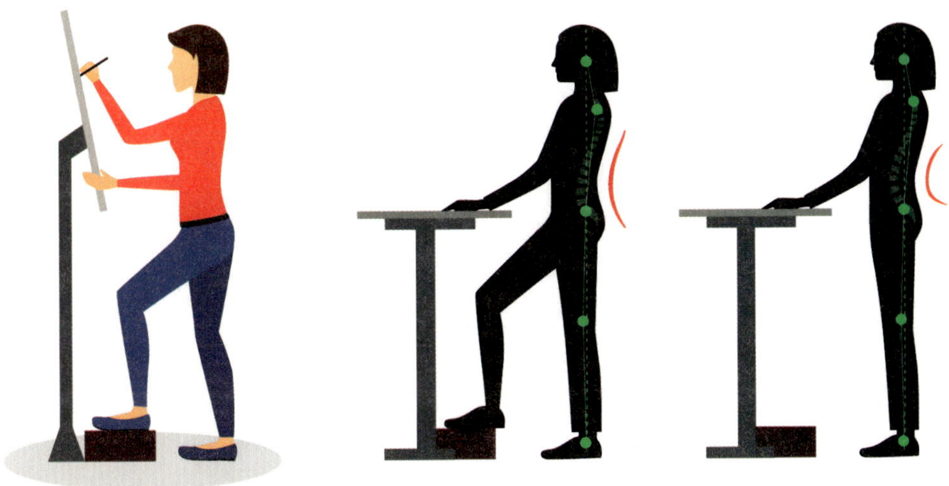

그림 6-3 서있을 때의 바른 자세

(2) 잠자는 자세

우리말에 고침단명(高枕短命)이란 속담이 있다. 하루 종일 우리는 고개를 앞으로 숙이고 허리를 앞으로 굽히는 동작만 한다. 그것도 모자라서 잘 때에도 베개를 높게 베고 잔다면 목덜미 근육을 비롯해서 어깨와 등쪽에 있는 근육과 인대는 통증을 유발하게 된다. 올바른 취침법은 다음과 같다.

① 가능한 한 반듯이 누워서 자는 것이 척추에 가장 적게 무리를 준다.

② 부득이하게 옆으로 잘 경우에는 목 높이와 일치한 높이의 베개를 베어 척추가 일직선이 되도록 하고 무릎을 약간 구부려 포개는 것이 좋다.

③ 요통 환자인 경우 곧게 누워 양 무릎을 세운 상태에서 무릎 밑에 이불을 말아서 받쳐 주면 일시적인 통증을 완화시킬 수 있으나 근본적인 치료는 될 수 없으며 요통 환자들이 누구나 무릎 밑에 받쳐주는 것이 좋은 것은 아니기 때문에 의사의 처방을 받아야 한다.

④ 엎드려서 자는 것은 척추에 나쁜 영향을 주는 자세이다. 엎드려서 자는 자세는 요추의 만곡을 가중시키고 목을 뒤틀리게 하여 근육과 인대를 과로하게 하거나 긴장시킬 수 있기 때문에 좋지 않다.

(3) 앉아 있는 자세

현대 문명이 발달하면서 서 있는 때보다 상대적으로 앉아 있는 시간이 늘어만 간다. 앉아 있는 의자가 바로 나쁜 자세와 함께 척추 문제의 주범인 것이다. 따라서 의자는 반드시 인체역학적으로 만들어져야 한다. 우리가 서 있을 때의 요추에 주는 무리가 100뉴톤이라면 앉아 있을 때는 145뉴톤이다. 이와 같이 서 있을 때보다 앉아 있을 때가 척추에 무리를 더 주기 때문에 장시간 운전을 하거나 비행기 여행을 할 때는 30분이나 1시간마다 쉬거나 서서 간단한 체조를 해주는 것이 척추 건강에 좋다.

① 일반적인 의자

㉠ 척추에 무리를 가장 적게 주는 의자의 각도는 120°이며, 이때 등받이는 목의 높이까지 와서 목을 뒤로 젖혔을 때 머리를 받쳐 줄 수 있어야 한다.

㉡ 엉덩이 부분을 뒤로 뺄 수 있도록 등받이의 맨 아랫부분은 약간 뒤로 들어가 있어야 한다.

㉢ 맨 아래 늑골 부분과 일치한 상부 요추부분과 중·하부 흉추를 받쳐 줄 수 있도록 등받이의 중간 부분은 볼록하게 앞쪽으로 나와 있어야 한다.

㉣ 의자의 높이는 앉았을 때 무릎이 엉덩이의 높이보다 약간 올라갈 정도가 좋으며, 앉는 부분의 앞뒤 길이는 엉덩이를 뒤에 바짝 댔을 때 무릎 위쪽에 와야 할 뿐 아니라 뒤쪽보다 앞쪽이 약 15° 가량 높아야 된다.

㉤ 팔을 올려놓을 수 있는 팔 받침대가 양쪽에 있는 것이 좋고 그 높이는 팔꿈치의 높이면 된다.

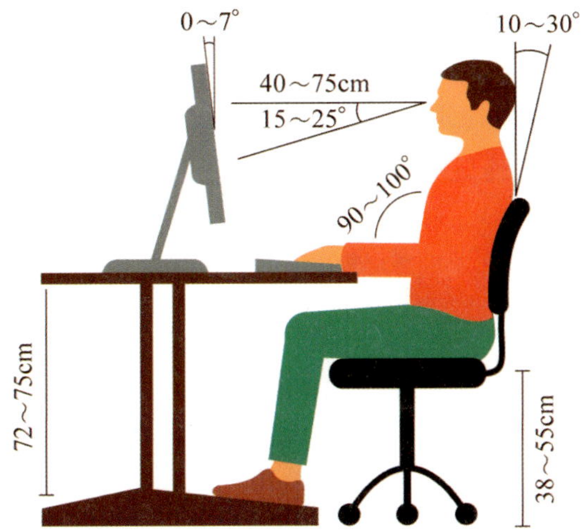

그림 6-4 바람직한 VDT 작업자세

(4) 물건을 드는 자세

인체의 근육 중에서 허리에 있는 근육은 매우 약하므로 허리 근육을 쓰는 일은 되도록 피하는 것이 좋으며, 그 근육을 강화시키는 운동이 필요하다.

① 물건을 들 때는 우선 물건 앞에 가까이 가서 앉은 뒤 물건을 잡아 최대한 배쪽으로 끌어 당겨 몸에 밀착시킨 다음 대퇴 근육의 힘으로 일어나야 되며 이때 허리와 상체를 곧게 펴 주어야 한다.

② 등에 메고 다니는 가방이나 아기는 앞으로 메거나 안아 주는 것보다는 등 뒤로 어깨띠를 이용해 메거나 업어 주는 것이 목과 등·허리쪽 근육의 부담을 덜어주기 때문에 더 좋다.

그림 6-5 들기작업

(5) 운반 시

① 허리는 곧게 하고, 무릎은 구부리고, 제일 튼튼하고 큰 다리가 일을 하게 한다.

② 중량물을 신체에 밀착시키고 손목과 어깨사이에서 짐을 다룬다.

③ 운반 시 갑자기 움직이거나 불안전한 행동을 하지 않는다.

④ 물건을 옮길 때는 끌어당기는 것보다는 미는 것이 좋으며 한손 또는 한쪽 어깨에만 들고 다니면 척추 건강에 좋지 않다. 또한 가능한 바퀴가 달린 손수레를 사용하여 물건이나 무거운 가방을 옮기는 것이 좋다.

(6) 작업하는 자세

① 작업점의 높이는 팔꿈치의 높이를 기준하여 정밀작업은 7 cm 정도 높고 중량물 작업은 7 cm 정도 낮게 하는 것이 바람직하다.

② 작업구역은 손이 쉽게 닿는 범위 내에서 작업이 수행되도록 한다.

③ 팔이나 어깨를 들고 작업하게 되면 팔에 압력이 많이 가하게 된다.

④ 상체를 구부리거나 쪼그리고 앉는 작업은 요추부위의 근육을 경직시키고 평상시보다 2~15배 이상의 힘을 허리에 가해 만성요추염좌를 야기한다.

(7) 그 밖의 올바른 자세

① 샤워를 할 때는 허리를 굽히고 머리를 숙여서 머리를 감는 것보다는 뒤로 돌아서 고개를 뒤로 젖혀서 해주는 것이 좋다.

② 부엌에서 장시간 서서 일할 경우에는 발판을 이용해 한쪽 발을 올려놓고 상체를 펴고 가능한 한 고개를 뒤로 젖혀 주는 것이 바람직하다.

③ 스포츠나 운동을 즐길 때에는 가능한 한 편향적인 운동을 피하고 전후좌우 균형있는 운동이 바람직하고, 편향적인 자세를 취해야 되는 사람들은 반드시 균형있는 트레이닝이나 스트레칭이 필요하다.

④ 방바닥에 책상다리를 하고 앉거나 모로 앉는 자세, 그리고 의자에 앉아서 습관적으로 한쪽 다리만 꼬는 자세는 골반을 틀어지게 하여 한쪽 다리의 길이가 짧아지거나 길어져서 척추를 좌우로 휘게 하기 때문에 좋지 않다.

⑤ 굽이 높은 하이힐은 요추를 전만되게 하여 좋지 않으며 짧은 치마는 다리를 꼬게 하거나 다리를 항상 붙이고 앉아야 하기 때문에 허리 근육을 긴장시키므로 바람직하지 못하다.

⑥ 넥타이는 좀 느슨하게 매고 다니는 것이 좋고 가능한 한 매지 않는 것이 좋으며, 와이셔츠를 바지 속에 넣을 때는 목이 앞쪽으로 당겨지지 않도록 느슨하게 셔츠 앞부분을 바지에서 좀 빼 주어야 목을 뒤로 젖힐 수 있어서 좋다.

⑦ 바지는 벨트보다는 멜빵을 사용하는 것이 허리의 근육을 긴장시키지 않아 좋다.

1.3 요통재해의 방지대책

1) 운동

인체를 지탱하는 것은 척추지만 척추는 근육과 인대가 붙잡고 있다. 따라서 디스크나 척추분리증, 척추전방 전위증 등과 같은 척추이상이 있더라도 근육과 인대가 튼튼하다면 별다른 문제없이 정상생활을 할 수 있다. 이 때문에 요즘엔 요통환자와 척추수술을 받은 환자에게도 적극적으로 허리운동을 시키고 있다.

가장 효과적인 운동은 빨리 걷기다. 걷기는 척추나 무릎관절, 디스크, 물렁뼈 등에 충격을 주지 않고 허리근육을 강화시킨다. 한 연구에 따르면 98%의 만성 요통환자에게 빨리 걷기가 효과가 있었다. 팔을 크게 흔들며 최소한 하루 30분, 주 4회 이상 운동해야 한다. 자전거 타기는 특히 척추관절에 문제가 있거나 척추관협착증이 있는 사람에게 효과적이다. 그러나 의자가 너무 높으면 허리에 충격을 주기 때문에 높이를 잘 조절해야 한다. 저강도(低强度) 에어로빅이나 웨이트 운동, 등산, 수영, 스키, 스케이팅, 요가 등도 허리에 좋은 대표적 운동들이다. 그러나 수영 중 접영이나 평형, 다이빙은 척추에 충격을 주기 때문에 요통환자들은 삼가는 게 좋다.

척추에 좋지 않은 대표적인 운동은 조깅과 줄넘기, 배드민턴, 테니스, 골프, 볼링 등이다. 조깅이나 줄넘기는 뛸 때의 충격이 고스란히 척추에 전달되므로 척추의 퇴행성 변화가 일어나는 35세 이후에는 삼가는 게 좋다.

배드민턴, 테니스, 골프, 볼링 등 척추 부상 위험이 높은 운동은 허리 근육을 어느 정도 단련시킨 뒤 준비 운동을 충분히 하고 해야 한다. 한편 오후 5시 이후의 운동은 척추부상 위험이 크기 때문에 운동은 가급적 오전에 하는 것이 좋다.

그림 6-6~6-9까지는 일반적으로 허리가 불편한 사람들이 허리 강화를 위해 하는 운동이다. 우리가 일반적으로 허리에 좋다고 하는 운동은 사실은 허리가 튼튼한 사람들이 하는 운동이며, 허리환자에게는 좋지 않은 영향을 미치게 되므로 앞서 제시한 그림대로 운동하는 것이 좋다.

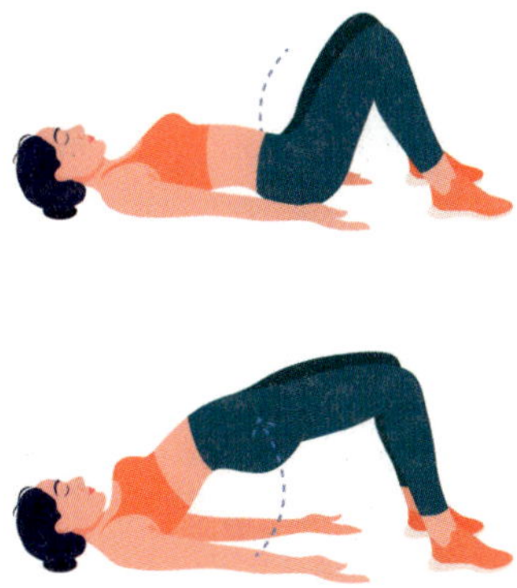

그림 6-6 브릿지 동작

그림 6-6처럼 중심은 뒤꿈치로 팔은 편안하게 내려 바닥을 지지한 후 허리와 몸통이 일자가 되도록 들어 올려 버티는 동작을 한다.

그림 6-7 엎드려 손발 엇갈려 들기

그림 6-7처럼 바닥에 배를 대고 엎드려 한 손과 발을 들어 올리는 작업을 교대로 한다. 호흡은 내쉬며 허리와 엉덩이에 충분한 자극을 느끼면서 동작을 한다.

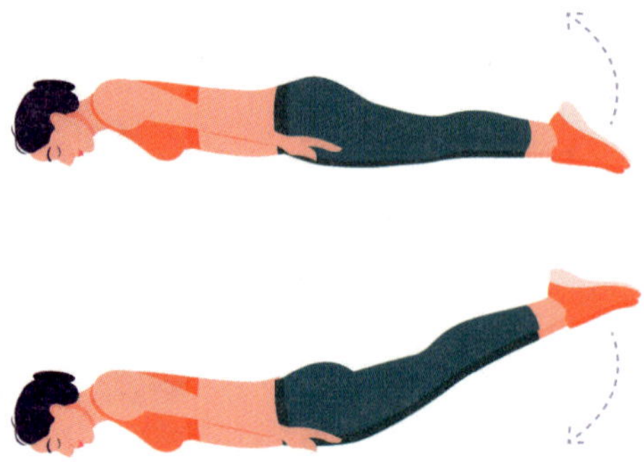

그림 6-8 엎드려 양다리 들어올리기

그림 6-8과 같이 배를 바닥에 대고 손바닥을 아래로 향한 채 지지를 하고 두 발을 올리는 자세이다. 개인의 수준에 맞게 실시하면 된다.

그림 6-9 누워서 양다리 올리기

그림 6-9와 같이 반듯이 누워 다리를 모으고 천천히 직각이 되도록 다리를 올리면 된다. 처음에 어려운 사람은 한발씩 올리는 동작을 하여도 좋다.

2) 표준 건강생활 시간표활용

일상생활에서 규칙적인 생활 및 운동으로 건강을 유지하면 각종 스트레스와 자기가

하는 일에 대하여 만족한 생활과 행복한 가정을 이룰 수 있다.

① 조기 기상 : 자율적으로 출근 90분 전 기상하는 것을 말한다.
② 근육 강화 운동 : 허리근육을 단련시키기 위하여 근육 강화운동을 10분간 한다.
③ 생수마시기 : 1일 8~10컵을 적당한 간격으로 마시면 좋다. 이렇게 하면 우리 신체의 혈액순환촉진, 신진대사 활동 증대, 쾌뇨, 쾌변 등의 효과를 볼 수 있다.
④ 청소운동 : 요배부 근육운동의 일환으로 방바닥이나 마루를 기어 다니면서 걸레질 청소한다.
⑤ 대중탕 목욕 : 체피부의 땀과 먼지를 체외로 배출시킬 수 있도록 욕조 목욕을 한다. 미지근한 물에서 입욕시간은 20~30분 정도가 정신 근로자에게 적합하며 소의다욕(小衣多浴) 하루 만보걷기의 시작으로 소차다보(小車多步)를 실천한다.
⑥ 아침식사 : 아침식사를 시간적 여유를 갖고 천천히 먹는다.
⑦ 쾌변 : 쾌변을 위하여 충분한 시간을 배려한다. 쾌변의 조건은 비중이 가벼워야 하고, 색상은 황금색이며, 냄새가 균일해야 하며, 잔변이 없고, 모양은 굵직한 바나나 같은 모양으로 휴지에 묻지 않는 대변이면 좋다.
⑧ 바른 자세 근무 : 허리를 곧게 유지하면서 바른 자세로 근무를 한다.
⑨ 스트레스 해소 : 적극적인 사고방식과 운동으로 활동하면 스트레스가 해소된다. 많이 웃으면 체중이 감소하고 엔도르핀도 많이 생성된다. 담배는 백해무익(일산화탄소, 타르, 니코틴 외 4,000여종)하므로 무조건 끊어라.
⑩ 조기숙면 : 하루 7~8시간의 숙면을 위해 22 : 00 이전에 잠들도록 노력한다. 피로회복과 숙면에 대한 기본수칙 10가지를 준수한다.
　㉠ 일찍 자고 일찍 일어난다(자기의 리듬에 맞추는 것도 괜찮다).
　㉡ 가급적 정해진 시간에 잠자리에 든다.
　㉢ 지나치게 배가 고프면 숙면을 취할 수 없다.
　㉣ 잠들기 직전 진한 차나 커피는 절대로 마시지 않는다.
　㉤ 가벼운 운동을 해둔다.
　㉥ 침실은 조용하고 어두울 것
　㉦ 이불은 가볍게, 요는 좀 딱딱하게
　㉧ 소의다욕(小衣多浴), 소차다보(小車多步)를 실천한다.
　㉨ 잠자리에 들기 전에 목욕을 해둔다.
　㉩ 잠이 오지 않는 경우에는 무리하게 자려고 하지 않는다.

3) 디스크와 척추관 협착증 그리고 이상근 질병

인간이 삶을 유지하는데 가장 중요한 역할을 하는 것이 척추이다. 그런데 문제가 되는 것은 요추에 무게가 집중되어 장애를 일으킨다는 것이다. 일생 동안 허리 통증으로 한 번 이상 고생하는 사람은 약 80%정도 된다. 대부분의 사람은 허리가 아프면 디스크를 의심하지만 정작 검사를 하면 디스크가 아닌 척추관 협착증 진단을 받는 사람이 많다. 디스크와 척추관 협착증을 구별 못하는 것은 증상이 비슷해 스스로 구분하기가 쉽지 않기 때문이다. 그러나 두 질환은 발생 원인부터 다르다.

디스크로 불리는 질병의 이름은 추간판 탈출증이다. 추간판(디스크)이라는 젤리 모양의 구조물이 있는데 이것이 척추 뼈 사이와 뼈 사이를 막아주는 쿠션 역할을 한다. 그런데 잘못된 습관이나 외부의 충격이 가해질 경우 요추 신경을 누르는 병이 디스크인 것이다. 주로 많은 환자의 경우 사용이 가장 많은 요추 4번과 5번 사이, 요추 5번과 천추 1번 사이에서 주로 발생한다.

반면 척추관 협착증은 나이가 들면서 뼈 사이의 관절 부위나 인대가 두꺼워져 생긴다. 척추는 안쪽이 비어 있어서 이 구멍을 통해 세로로 신경다발이 지나간다. 이를 척추관이라고 한다. 이 척추관이 퇴행성질환과 잘못된 자세로 인하여 뼈나 인대가 커지면 신경을 압박해 통증이 생긴다. 이것이 척추관 협착증이다. 척추관 협착증은 주로 뼈와 관절 같은 딱딱한 조직이 신경을 누르게 된다.

두 질환의 차이는 척추관 협착증이 노년층에서 주로 발생한다면, 허리 디스크는 노인뿐 아니라 부적절한 자세로 오래 앉아 있는 학생과 직장인 사이에서 많이 발생한다.

일반적인 척추측만증의 경우 허리를 구부정하게 구부리고 앉거나 다리를 꼬고 앉는 등 부적절한 자세를 반복하게 되면 척추측만증에 걸리게 된다. 척추측만증은 척추가 옆으로 휘어 골반이나 어깨높이가 서로 다르거나 몸이 한쪽으로 치우치는 질환이다. 사람의 허리를 90도 굽혔을 때 어깨가 평행하지 않으면 척추측만증을 의심해 볼 수 있다.

허리 디스크와 척추관 협착증의 경우 통증을 느끼는 자세나 상황이 다르다. 두 질환의 차이는 바로 누워 무릎을 편 채 다리를 들어 올릴 경우 엉덩이부터 허벅지 뒤쪽, 장딴지 뒤쪽, 발등 또는 복사뼈가 당기면 디스크로 봐야 하고 다리를 올리기 쉬우면 협착증에 가깝다고 생각하면 된다.

또 비슷한 증상의 하나인 이상근에 문제가 생길 경우이다. 이 증상은 의자에 앉아 있다가 일어날 때, 계단을 올라갈 때 엉치뼈 양쪽의 근육이 아프며, 시간이 지나면서 허벅지, 종아리, 발까지 저린 현상을 수반한다. 이런 경우 '이상근(梨狀筋)증후군' 일 경우가 많으며, 이상근증후군은 그림 6-10과 같이 엉덩이 깊숙한 곳에 있는 이상근이 수축해 주변 신경을 압박하는 질환이다. 압박받는 신경이 허리부터 발끝까지 퍼져있기 때문에 통증이 하반신 전체에서 나타날 수 있다. 이상근증후군은 허리 디스크와 달리 허리 통증은 거의 없다. 반면 엉덩이를 누를 때 통증이 심하고 앉았다 일어날 때, 오르막을 오를 때 엉덩이와 허벅지 통증이 유독 심하다. 이 질환은 주로 잘못된 자세 때문에 생긴다. 특히 다리를 꼬고 앉는 등 한쪽 엉덩이에만 힘을 가하는 비스듬한 자세로 인해 생기는 경우가 가장 많다.

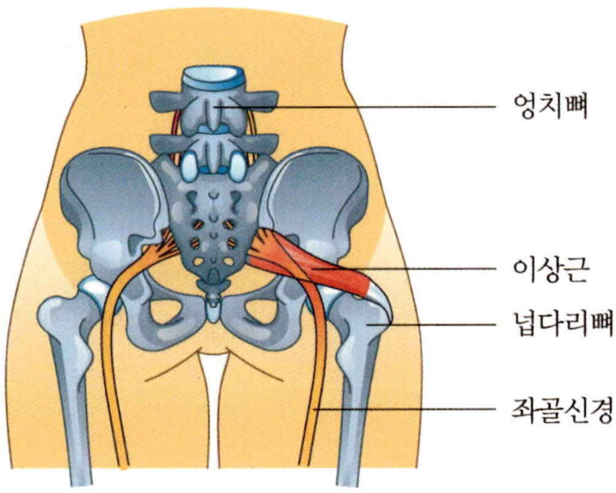

그림 6-10 이상근증후군

1.4 허리에 관한 상식

1) 요통과 성생활

많은 사람들이 성 행위는 요통을 악화시킨다고 믿는다. 허리에 문제가 있으면 성생활이 끝난 것으로 체념하는 사람이 의외로 많다. 그러나 심각한 척추외상이나 질환이 아니라면 성생활에 지장이 없다. 오히려 성생활은 허리근육을 강화시키고 요통을 덜어준다는 것이 전문의들의 설명이다.

미국 생리학자 웨스트하이머는 오르가슴은 가장 효과적인 근육이완제로서 온 몸의 근육이 이완되면서 통증이 사라진다고 주장했다. 주디스삭스 박사는 저서 '섹스의 치유능력'을 통해 오르가슴 때 분비되는 엔도르핀이 요통 편두통 관절통 등의 통증을 6시간 정도 잠재운다고 밝혔다. 노스웨스트 의대 카렌도나휴 교수는 성행위 시 테스토스테론이라는 남성호르몬의 분비가 촉진돼 뼈와 근육의 발달에 도움을 준다고 주장했다.

따라서 요통환자도 적절한 수준에서 성생활을 즐기면 오히려 복부와 허리근육이 강화돼 치료에 도움이 된다는 것이 학계의 내용이며, 척추 수술을 받은 사람은 무리 없이 1,500 m를 걸을 수 있을 때 성 행위를 시작하는 것이 좋다. 그러나 심한 요통환자에게 상체위는 척추의 전만곡을 크게 해 통증을 일으키기 때문에 상체위는 좋지 않으며, 하위체위나 옆으로 누운 자세가 좋다.

2) 허리상식

① 허리 아픈 데는 지네나 고양이가 최고이다.

지금까지 현대 의학에서 허리에만 선택적으로 좋은 음식이나 영양소는 없다. 영양결핍이나 운동부족에 의한 체력약화가 요통의 원인이 될 수 있다. 충분한 영양섭취로 건강을 유지해야 하고 요통과 디스크를 예방할 수 있다.

② 서서 걷기 때문에 허리병이 생겼다.

네발로 기면 체중이 4곳으로 분산되지만 직립하면 한 곳에 몰리기 때문에 척추에 부담이 증가하는 것은 사실이다. 하지만 직립하기 때문에 그전에 없던 허리병이 생겼다고 볼 수는 없고, 허리병의 발병 빈도가 높아졌다고 볼 수는 있다. 네 발 동물이 허리병이 없다는 주장도 근거가 없다.

③ 상체가 긴 동양인이 하체가 긴 서양인보다 허리병에 잘 걸린다.

허리병 발생빈도가 키, 성별, 인종별로 뚜렷이 다르다는 연구는 아직 없다. 다만 비만인 사람은 척추가 비정상적으로 휘는데다 과도한 체중이 실리기 때문에 허리병에 걸릴 위험이 높다.

④ 침대는 딱딱해야 좋다.

푹신한 침대나 두꺼운 요는 허리 건강에 좋지 않다. 누워있는 동안 허리가 푹 꺼지기 때문이다. 그렇지만 너무 딱딱한 침대나 방바닥에 그냥 눕는 것은 요통을 악화시킬 수 있다.

⑤ 아기를 업으면 허리가 잘 아프고 등도 휜다.

요즘 젊은 엄마들이 아기를 앞으로 메고 다니는 경우가 많은데, 정서적인 친밀도를 높이는 데는 도움이 될지 몰라도 엄마의 허리에는 좋지 않다. 아기를 등에 업고 다니는 것이 허리에는 훨씬 좋다.

3) 허리상해 예방

① 인력작업으로부터 일어날 수 있는 상해의 종류들은 어떤 것이 있을까

어떤 물체를 들어 올리거나 또는 다루어야 하는 직종에 종사하는 거의 모든 근로자들은 근골격계에 상해를 입을 위험에 노출되어 있다고 말할 수 있으며, 그 중에서도 허리부분이 가장 상해를 흔하게 입는 부분이라고 볼 수 있다.

인력작업이라는 업무 자체가 대부분 부자연스러운 작업자세와 반복적인 근력을 요구하는 움직임이 수반되어야 하므로 허리상해의 위험을 완전히 제거한다는 것은 현실적으로 불가능하다. 하지만 교육과 훈련을 통한 안전한 작업관리지침 등을 통해 인력작업과 관련해 발생할 수 있는 상해의 정도와 횟수를 줄일 수 있다.

② 어떻게 인력작업으로 인한 허리상해를 예방할 수 있을까?

작업으로 인한 허리상해를 예방하기 위해서는 우선적으로 근로자에게 상해를 끼칠 위험을 내포하거나 또는 직접적으로 허리상해를 끼칠 수 있는 인력작업 요인들을 찾아내는 것이 필수적이다. 방편으로 어느 한 요인에만 집중할 때 대부분의 경우 상해율의 감소효과가 크지 않기 때문이다. 보다 성공적인 효과를 위해서는 공학적 지식이 조합된 인간공학, 작업환경, 신체적 능력과 한계 등이 결합된 상태에서 이루어질 수 있으며, 다음과 같은 측면들이 고려되어야 한다.

① 작업 공정의 흐름 구조
② 업무 설계/재설계(작업환경 포함)
③ 이미 배치된 공정(필요시)
④ 훈련

③ 업무설계 또는 재설계가 어떻게 인력작업 관련한 상해의 위험을 감소시킬 수 있나?

인력작업을 주로 하는 업무의 설계/재설계 시에는 다음의 단계를 거치도록 하여

야 한다.

㉠ 중량물 취급 작업의 제거

㉡ 인력작업 요구량 감소화

㉢ 긴장을 주는 몸의 움직임 감소

㉣ 작업환경 조건의 개선

④ 어떻게 중량물 취급 작업을 제거할까?

만약 인력작업의 완전 제거가 불가능하다면 동력 또는 기계적인 시스템을 이용하는 것을 고려해야 한다. 기계적 방법에 의한 작업은 중량물 취급에 요구되는 육체적 부담을 감소시킴으로써 허리상해의 위험도를 낮추어준다. 들기, 옮기기와 같은 인력작업의 경우 리프트 장치, 컨베이어, 트럭 등을 통한 기계화를 통해 쉽고 안전하게 수행할 수 있게 된다. 중력을 이용한 덤핑이나 슈트의 경우 물질의 정리, 처리를 쉽게 해준다.

⑤ 어떻게 인력작업량을 줄일 수 있을까?

만약 기계적인 방법을 통한 인력작업의 제거가 불가능하다면 인력작업의 요구도를 감소시키도록 해야 한다. 이것은 다음의 몇 가지 방법을 통해 가능하다.

① 취급하는 물체의 무게를 허용 가능한 범위 내로 감소시킨다.

② 한 명이 아닌 두 사람의 공동작업으로 조정, 실제 부하를 감소시키거나, 취급 물체를 둘 이상의 것으로 분리 작업하는 등의 방법으로 부하를 쪼개는 방법을 사용한다. 가벼운 플라스틱 재질의 운반용기를 사용하는 것 또한 부하를 줄이는 방법 중 하나이다.

③ 인력취급 관련한 동작을 변경시켜라. 물체를 들어 올리는 것보다 내리는 것이 부담이 적게 들며, 들어서 옮기는 것보다는 끌어당기기가, 끌어당기기보다는 밀기가 힘이 덜 든다.

④ 작업장 배치를 변경하라. 들어 올리는 작업에 있어 수평 및 수직이동거리를 감소시키는 것은 결과적으로 인력요구정도를 낮추는 것이다. 또한 옮기거나 밀거나 당기거나 하는 이동 거리를 감소시키는 것 역시 인력 요구도를 감소시키는 것이다.

⑤ 피로의 축적을 감소시키기 위해 중량물 작업을 좀 더 가벼운 물체를 다루는 것으로 변경하라.

Point

전문가 150인이 밝힌 '회춘 10계명'

누구나 나이가 들었다고 생각하는 순간 회춘(回春)을 떠올리며 젊어지고 싶어 한다. 불가능하지만 미련이 남고 돈과 권력도 해결해주지 못하는 '늙음'. 하지만 소박하게 나이에 비해 젊게 사는 정도라면 그 묘책은 의외로 평범한 곳에 있을지도 모른다.

제1계명 「생각의 근육을 단련하라」
여기에는 편안한 음악과 함께하는 하루 10분간의 명상이 두뇌를 젊게 유지하는 특효약이라는 설명이 붙어있다.

제2계명 「자주, 빨리 걸어라」
걷기는 가장 경제적이고 효과적인 유산소 운동으로 짧고 빠른 발걸음으로 하루 30분 이상, 일주일에 5회 이상 실천하면 젊음을 되찾을 수 있다는 조언을 첨부했다.

제3계명 「물을 제대로 마셔라」
하루에 3컵씩 3번, 한 컵 당 30초 동안 마시면 보약과 다름없다고 전문가들은 지적했다고 한다.

제4계명 「웃어라」
웃음은 행복한 바이러스로 건강 증진의 첩경이다.

제5계명 「수수하게 입어라」
스포티하고 심플한 패션이 젊고 돋보이게 만든다.

제6, 7계명 「자외선을 피해라」「깨끗하고 촉촉한 피부를 만들어라」
자외선은 피부노화에 치명적이므로 자외선 차단제와 화장품만큼은 최고를 쓰라는 뜻을 담은 것이다.

제8계명 「리모컨을 자녀에게 맡겨라」
자녀가 즐겨보는 프로그램을 통해 트렌드 지수를 높이고, 사소한 것에 자신을 내세워 스트레스를 자초하지 말라는 뜻에서 뽑혔다. 가족생활의 지침으로 귀담아들을 만하다.

제9계명 「취향에 맞는 대중문화를 즐겨라」
취향에 맞지 않은 것은 이해하겠다고 노력하느니 차라리 자기 취향을 노골적으로 나타내는 것이 낫다는 취지이다.

제10계명 「디지털을 두려워 마라」
첨단제품도 알고 보면 사실 요리보다 쉬우니 적극적으로 배우라는 뜻이다.

2. 용어해설

① 척추(Vertebral column spine)

경추 7개, 흉추 12개, 요추 5개 천골 그리고 미골로 구성되어 있으며 그 사이에 끼워진 추간원판 등으로 구성되어 성인의 경우 72~75 cm이다. 요추와 경추는 전만(lordosis), 흉수는 후만(Kyphosis), 전방부는 상하 척추의 추세와 추간원판으로 구성되어 있다. 70%의 체중을 담당하고 있으며 후방부는 30%의 체중부하를 담당하고 있다. 척추의 주요한 임무는 몸통(trunk)과 머리(head)를 보호 지지하고 척수를 보호하며 유연성을 유지하는데 있다.

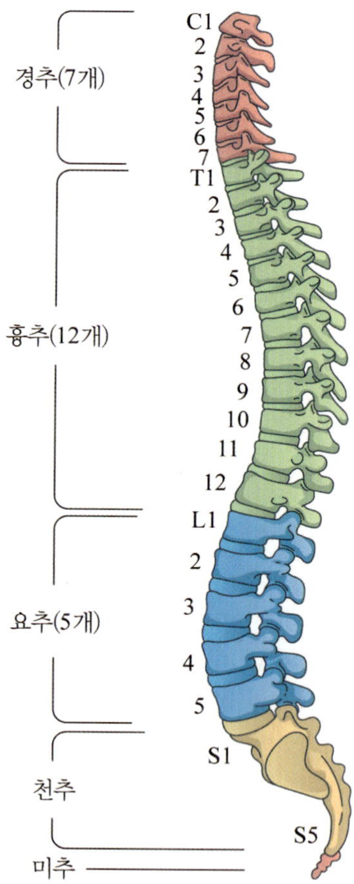

그림 6-11

② 경추(Cervical)

운동범위가 넓고 머리를 받쳐주고 비틀어서 땅을 내려다보고 별을 올려다 볼 수 있기도 하며 180도 회전할 수 있다.

③ 흉추(Thoracic)

갈비뼈(rib)와 갈고리모양으로 걸쳐있어 고장이 적다.

④ 요추(Lumbar)

추골 중에서 제일 크며 근육이 적다. 이들은 체중을 대부분 버티고 있다. 전후로는 움직일 수 있으나 회전은 금물이다. 각각의 척추골은 그것을 위아래로 척추의 추궁근 2개가 추간공을 형성하고 추간관절이 뒤에서 받쳐준다.

⑤ 천골(Sacrum)

삼각형의 뼈로서 골반(pelvis)의 후벽을 이루며 위쪽의 넓은 곳에 천골저(base)가 척추중의 요추를 받들고 있다.

⑥ 추간원판(Intervertebral disc)

외부는 단단한 윤상섬유이고 내부는 충격 흡수용 젤리 도넛과 같다.

- 준 탄력성을 갖고 있어 흔들의자와 같다.
- 갑작스럽고 극렬한 충격으로 파편과 같이 으스러질 수도 있다(추락, 충돌, 자동차 사고 등).
- 수핵은 69~89%의 수분으로 압박이 가해지면 전후로 이동되면서 탄력이 강한 섬유륜과 함께 충격을 흡수하며 영양을 공급 균등하게 분배하는 역할을 한다. 그러나 통증에 대한 감수성이 없다.
- 외층 윤상섬유에서만 통증이 발생한다.
- 튼튼한 윤상섬유가 파열되어 내부에 있는 수핵이 흘러나와 신경을 압박하면 자극을 받는다. 신경은 경련(통증)을 일으킨다.
- 20대에 접어들어서 약해지고 탄력도 줄어들면서 퇴화되어 간다.

⑦ 추간관절(Facet joints)

연골, 관절낭, 관절액(joint fluid)인대 등이 있으며 가동성과 지탱성을 가지고 있는 전형적인 활막관절로서 체중을 감당하게 된다.

⑧ 추간공(Intervertebral formaman)

추궁근이 추간공을 형성하며, 전면에는 추간원판과 그것을 보조하는 후종인대가 있으며 후면에는 추간관절로 형성되어 있고 추간관절의 관절낭, 연골 기타 많은 인대도 후면의 일부를 형성하고 있다. 혈관과 신경이 출입하는 척추골의 구멍역할을 한다.

⑨ 인대(Ligament)

뼈와 뼈를 연결하는 결합조직(connective tissure binding bone to oeherbones)이다. 관절을 곧고 튼튼하게 고정시키며 그 운동을 일으키고 억제하는 작용을 하는 결체 조직섬유와 탄력성의 섬유가 들어있어 탄력성이 있으며, 조직이 잘못 사용되거나 늘어나거나 외상 손상 시 자극을 받으면 통증을 호소한다.

⑩ 근육(Muscle)

표층, 중층, 심층으로 구분되고 척추기립근은 중충근으로 신전작용하여 척추안전성에 극히 중요하다.

⑪ 염좌 또는 염전(Sprain)

관절이 상해로 인해 인대(ligament), 건(tendon)인접조직의 손상으로 심한 압통을 호소한다(trauma to joint with pain swelling and injury to ligaments).

⑫ 좌상(Strain)

근육이 과도하게 신장되거나 과로하게 되는 상태(a less serious injury with overstretching of muscle)를 말한다.

⑬ 추간원판 헤르니아(탈장) 추간원판탈출(Herniation of intervertebral disc : HIVD)

추간원판의 수핵이 척추관으로 이탈되어 척수신경근을 압박하여 통증이 나타나며, 심한 경우에 손상을 주기도 하는데 L4/L5와 L5/S1에서 가장 흔하게 발생한다.

- 섬유륜의 파손 없이 밀려나가면 팽륜(bulging)
- 섬유륜이 약간 찢어져 밀려나가면서 돌출(protrusion)
- 섬유륜이 완전 찢어지면서 수핵이 나가면 탈출(extrusion)

Chap 7

교통안전

1. 교통안전정책
2. 운전심리 및 상식
3. 교통사고 처리 요령
4. 교통사고 처리특례
5. 용어정의

1. 교통안전정책

1.1 교통안전의 의의

교통안전(traffic safety)이란 넓은 뜻으로는 육상(land), 해상(sea) 및 항공(aviation) 등에 대한 교통의 안전을 말한다. 좁은 의미의 도로교통의 안전이란 사람의 생명, 신체, 재산이 도로교통에 의해서 침해당하는 일이 없도록 보호대책을 강구하는 데 있다.

1) 교통안전의 목적

도로교통안전의 목적은 최종적으로 사람의 생명, 신체 및 재산을 교통의 위험으로부터 보호하는데 있으며, 나아가 교통사고의 발생과 위험을 없애고 동시에 도로소통의 원활을 도모하는데 있다. 그 밖에도 도로교통에서 생길 수 있는 장해를 방지하자는 것이며 나아가 쾌적한 교통문화를 정착하는데 있다.

2) 교통사고의 방지

교통사고(traffic accident)란 일반적으로 차량, 기차, 이륜차 등의 교통에 의해서 사망, 부상 또는 재물의 손괴가 생기는 경우를 말한다. 교통사고로 인하여 위와 같은 일이 발생하면 교통안전 본래의 목적인 사람의 생명과 신체 및 재산의 보호를 꾀할 수 없게 된다. 따라서 교통사고의 방지는 교통안전의 직접적인 목적 중에서도 가장 중요한 문제이다.

1.2 운전과 시각기능

1) 정시력과 동시력

일반적으로 시력검사는 정시력과 동시력으로 나뉜다. 정시력은 몸체를 고정시키고 정지된 목표물을 보면서 실시하는 것이고, 동시력은 이동하는 물체를 볼 때의 시력을 말한다. 따라서 정시력과 동시력은 차이가 많이 나며 동시력은 정시력에 비교해서 대체로 10% 이상이나 저하한다. 특히 운전중의 시력에 대해서는 20~30% 이상 떨어지므로 충분한 주의가 필요하다.

2) 야간 시력

어둠속에서는 일반적으로 사물의 판별이 어렵게 되는데, 야간의 운전에서는 원하는 만큼의 충분한 조명이 얻어질 수 없을 뿐만 아니라 빛의 범위도 제한되어 있는 것이 보통이다. 따라서 야간 운전 시에서는 시력이나 시야 모두가 낮보다는 떨어지는 것을 알아야 한다.

3) 현혹맹과 증발현상

밤에 운전을 하다보면 대형차의 헤드라이트 빛이 시야의 일부에 들어와서 각막의 일부에 강렬한 빛을 조사하게 되면 다른 각막부분에 들어오는 약한 빛은 인지되지 않는다. 이것은 강력한 자극이 약한 자극을 덮기 때문에 동공(pupil)은 강한 빛에 맞추어서 수축됨으로써 약한 빛은 들어올 수 없게 된다는 것이다. 이와 같은 상태를 현혹맹(dazzlement blindness)이라 부른다. 또한 증발현상은 도로 중앙에 서 있는 인물 등이 대향차와 자기차의 헤드라이트에 조사되어서 완전히 볼 수 없게 되는 현상을 말하는 것이다.

4) 시성능

인간의 정상적인 시계는 200°이고, 그 중에서도 색채를 식별할 수 있는 범위는 불과 70°이다. 또한 시성능은 연령에 따라 가장 먼저 감퇴되는 특성을 갖고 있기 때문에 젊은이에게 충분한 조명 수준이라도 노인에게는 부족할 수가 있다. 20세의 시성능을 1.0이라 할 때 40세는 1.17배, 50세는 1.58배, 65세는 2.66배의 조명이 필요하다.

5) 색각

색각(色覺)은 색신(色神)이라고도 하는 것으로서 사물에 대한 색채를 식별하는 것인데, 이것에 이상이 생기게 되면 색맹이라고 하고 그 정도가 어느 정도 좋을 경우에는 색약(色弱)이라고 한다. 선천적인 경우가 많으나 후천적인 질병으로 생기는 일도 있다. 유전으로는 어머니를 통해서 생기는 반성유전(sex-linkage)이며 남자들에게 많이 나타난다고 한다.

6) 운동기능

운동기능이라는 것은 개개의 운동기관에 대한 기능의 문제가 아니라 반응동작, 다시 말하면 지각에 들어온 정보를 판단하고 이것에 대응해서 신체를 적절하게 움직이는 밸런스와 타이밍이 문제가 될 것이다. 여기서 반사동작이 빠르면 빠를수록 좋다는 이야기는 아니며 반사동작을 지식수준의 속도와 동작의 속도로 분석해 보면 아주 빠른 사람의 경우에는 지식 판단보다 앞서서 동작을 하게 되는 경우가 있어서 오히려 사고 다발자로 되는 경우가 많이 있다.

1.3 자동차 운전과 질병과 피로

1) 운전과 질병

운전과 질병은 상호유기적으로 연결되어 있다. 질병(disease)이 운전에 영향을 미치는 것과 운전에 의한 스트레스로 인하여 신체에 영향을 미쳐 질병으로 되는 두 가지 측면에서 생각할 수 있다. 일반적으로 중병 시에는 실제로 운전을 할 수 없을 것이므로 그리 문제가 되지 않지만 정신병, 간질, 마약중독자, 알코올중독자 등 법에 의해서

면허부적격자로 규정되어 있는 자의 운전 시에는 발작성으로 말미암아 운전사고로 이어질 수가 있다.

2) 운전과 심장질환

운전작업이 심장혈관계에 미치는 영향은 크다. 평소 고속도로 운전에 있어 1차선의 주행 시 속도를 유지하기 위하여 계속해서 긴장하게 되며 추월, 가속을 했을 때는 혈압이 상승하고 심박은 빨라진다. 이러한 현상은 운전 시 자율신경이 강하게 작용해서 교감신경을 흥분시키고, 그 자극이 심박수를 증가시키는 동시에 부신수질(副腎髓質)에서 아드레날린을 많이 분비시켜서 혈관을 수축시키기 때문이다.

이와 같은 심장혈관에 대한 부담은 운전 중에 끊임없이 나타나게 되며, 운전 중에는 자세의 고정으로 인하여 정맥(vein) 내에 혈액의 흐름(blood flow)을 정지시키기 때문에 심장에 대한 혈액의 순환을 나쁘게 한다. 또한 비좁은 차 내의 탄산가스의 상승으로 인한 산소부족, 배기가스 내의 일산화탄소를 호흡하게 되는 일도 심장에 대해서는 부담으로 된다. 이러한 결과는 동맥경화(arteriosclerosis)라든가 고혈압(high blood), 나아가서는 협심증(angina heart) 등과 같은 심질환이나 뇌졸중을 일으키는 원인이 된다.

3) 운전과 호흡기 질환

장시간 운전 시에는 차내의 공기는 일반적으로 신체에 나쁜 영향을 미치게 된다. 특히 겨울철에는 창문을 닫고 운전하게 되므로 공기순환이 잘 되지 않고 히터의 사용으로 말미암아 차 내의 환경은 더욱 나빠지게 된다. 여름철에는 창문을 열고 운전하므로 유해가스는 상당히 감소하지만 최근에는 에어컨의 보급이 증가되어 운전 시 창문을 닫고 운전하게 된다. 이럴 경우 밖의 온도와 내부온도와의 차이에 의해서 냉방병에 걸릴 확률이 높다는 것을 경험적으로 알 수 있다. 이러한 경우 창문의 개폐를 자주하는 것이 좋다.

4) 운전과 위장장해

운전 중에는 불규칙적인 식사라든가 자율신경(autonomic nervous system)에 대한 스트레스에 의해서 혈관이 수축하고 소화기계에도 충분한 혈액순환이 공급할 수 없게 된다. 이럴 경우 위장의 운동과 소화액 분비는 저하되고 음식물에 대한 소화는 악화될 수밖에 없다. 위, 십이지장의 점막을 둘러싸고 있는 점액의 분비도 악화되며 위산(stomach acid)은 직접적으로 점막을 침해해서 궤양을 만들게 될 것이다.

따라서 운전 시에는 즐거운 마음으로 운전하고자 하는 습관이 필요하며, 경쟁적인 운전습관을 없애는 것이 안전운전문화에 기여하는 방법일 것이다.

5) 운전과 발작성 질환

발작을 일으키는 병에는 여러 가지가 있으나 그 대표적인 것이 간질(epilepsy)로서 법적으로 면허결격사항으로 되어있다. 따라서 간질환자는 면허를 취득할 수 없으나 현행 검진체계에 있어서는 확인하기가 곤란하므로 이에 대한 보완이 필요하다 할 수 있다.

6) 운전과 피로

피로(fatigue)에는 근육적 피로와 정신적 피로 두 가지가 있는데, 근육적 피로는 앉은 자세에서 한정된 근육만 계속해서 사용하게 되는 피로로서 전신적인 육체적 노동과는 다른 피로를 느끼게 된다. 근육에 대한 피로가 쌓이게 되면 신체기능은 나빠지게 되고 일반적인 운동동작도 악화된다. 정신적 피로는 근육적 피로보다는 크게 작용을 해서 대뇌에서 사용되고 산소소비량은 전신에서 소비하는 산소량의 1/5이나 차지한다는 것이다. 정신활동 특히 연속작업에서는 아주 많은 에너지가 대뇌에서 소비되기 때문에 산소 부족으로 인하여 피로하게 된다. 이러한 상태를 의식수준 1단계라 하며 이때 나타나는 현상은 감각이 감퇴되어서 인지의 부족, 판단의 착오를 일으키게 된다.

1.4 운전과 음주 · 약물복용

1) 알코올의 생리적 작용

알코올을 마시게 되면 그 대부분은 위(stomach)로 흡수되고, 나머지 일부는 소장(small intestine)에 흡수된다. 흡수된 알코올은 혈액을 통하여 전신을 돌게 되는데, 혈중 알코올의 대부분은 간장(liver)에서 처리되고, 최종적으로는 탄산가스와 물로 되어서 배출되며, 그 중 극히 일부분인 2～5% 정도는 알코올 그대로 소변, 호흡, 땀에 섞여서 배출된다.

운전 시에 문제되는 것은 혈중농도인데 이것은 알코올의 종류, 섭취속도, 체질, 성격 등 사람과 경우에 따라서 많은 차이가 있다. 일반적으로 알코올 흡수 시 얼굴이 빨개지는 사람은 표시가 나지 않는 사람보다 혈중알코올농도가 더 높게 나타난다는 것을 알 수 있다.

표 7-1 혈중 알코올 농도와 심신상태

혈중 알코올 농도(%)	심 신 상 태
0.02～0.03	두드러진 변화는 없고 약간 기분이 좋은 상태
0.05～0.06	이완감 · 푸근함을 느낌. 자극에 대한 반응시간이 조금 늦어짐 민첩한 근육 운동이 안 됨
0.08～0.09	시각 · 청각 · 균형감 · 언어기능 · 운동조절능력의 저하, 자신감이 커짐
0.11～0.12	신체균형을 잡기 어렵게 됨, 정신적인 활동능력과 판단이 떨어짐
0.14～0.15	신체와 정신의 조절기능이 현저히 떨어짐
0.20	운동조절능력 상실(움직이기 위해서는 남의 도움이 필요), 정신활동의 혼란
0.30	거의 인사불성 상태에서 심신을 겨우 가눔
0.40	의식이 없게 됨
0.50	깊은 혼수상태
0.60	호흡부전으로 사망할 수도 있음
5	사망

2) 운전과 알코올

아무리 소량이라고 하더라도 알코올은 운전과 같은 숙련작업, 정신작업에 영향을 미치게 된다. 그저 한 잔 정도의 소량이라고는 하더라도 위험하기는 마찬가지이다. 보통 빨간 신호를 보고 브레이크를 밟기까지는 0.5～0.7초 정도로서 0.2초 정도의 산포(dispersion)가 있는데, 0.03% 이하의 혈중알코올농도인 사람의 경우에는 이것이 0.2～0.9초로 되어서 0.7이라는 산포로 빨라지거나 늦어지게 된다. 이것은 알코올로 대뇌의 활동이 둔화됨과 동시에 술을 마셨다는 긴장감이 더해지기 때문이다.

알코올 흡수로 인하여 지각능력, 반사조작수준, 주의력, 반사능력, 운동기능이 둔화되어 지연되면 제멋대로 혼란되기 때문에 핸들, 액셀은 물론이고 모든 동작이 난폭해지지만, 운전하고 있는 본인은 알코올로 마비된 판단력과 주의력으로 말미암아 자신이 안전운전을 하고 있는 것으로 착각하기 쉬운 것이 알코올 흡수자의 공통된 행동으로 나타난다.

3) 운전과 각성제 · 진정제

각성제(stimulant)는 일반인의 임의사용이 규제되는 약품인데, 중추신경을 흥분시켜서 일시적으로는 졸음이나 피로감을 없애는 목적으로서 여기에는 카페인 등을 포함하는 각종 의약제일 것이다. 이러한 약품들은 일시적이며 주관적이기 때문에 비록 피로가 제거되더라도 머리가 좋아질 수 없으며, 나중에는 오히려 과로로 남게 되고 인지판단 착오를 일으키기 쉽고 동작이 난폭하게 되어 사고나 위반을 많이 일으키게 되는 것이다.

진정제(sedative)는 대뇌의 지각중추, 운동중추의 병적 흥분을 억제하고 이상으로 된 상태를 진정하는 것으로서 정상적인 사람이 사용하게 되면 모든 신경계통을 억제하게 되므로 위험하게 된다. 병적 상태가 운전에는 적합하지 못한 것과 같이, 정상적인 것을 진정제로 병적으로 만들었을 경우나 질병을 진정제로 억제했을 경우도 운전에는 아주 좋지 못하다.

감기 등에 사용되는 항히스타민제는 진정, 최면, 근육해이 작용을 동시에 하고 차멀미에 사용되는 진토제(vomitive of pacification)의 유형들도 대체로 항히스타민제이다. 어깨결림, 근육통에 사용되는 약제는 운동기능을 저하시키고, 해열제(removal of fever)의 대부분은 진통제와 같은 작용을 한다. 위산, 위 십이지장궤양에 쓰이는 약에는 자율신경차단제를 포함하는 것이 많으며 중추신경에 작용하므로 주의해야 한다.

2. 운전심리 및 상식

2.1 안전운전의 심리

1) 운전자의 심리

인간의 심리구조에 대해서는 여러 가지 학설(theory)이 있다. 운전을 하고 있을 때와 운전을 하지 않았을 때의 심리가 다르다는 것을 경험적으로 알 수 있다. 자동차운전자인 경우 일상적인 심리와 마찬가지로 변함없는 운전습관을 보이는 사람도 있지만 사람에 따라서는 아주 돌변하는 경우도 있다. 차량과 같은 강력한 스피드를 내는 장치는 인간의 잠재된 속성이 적나라하게 나타나는 특성을 가지고 있다.

이와 같은 인간 특성에 대해서 틸만(W.A. Tillmann)은 사고자의 특성을 조사해 본 결과, "**일반적으로 평상시의 행동에 대해서 칭찬받지 못하는 사람이 사고를 일으키기 쉽다**"는 사실에서 "사람은 생활태도 그대로 운전을 한다(One drives as they would like to live)"라고 지적하였다. 이것은 강하게 살고 싶은 사람은 그것을 강조하면서 운전하게 된다는 심리를 말해주고 있다. 또한 와일렛(T.C. Willett)은 "사람은 그 성격대로 운전을 한다(One drive as the kind of personality one is)"라고 말하고 있다. 결국은 사람이 지닌 성격 그대로 운전행태로 나타나는 것을 지적하고 있다.

2) 보행자의 심리

인간은 일반적으로 자기가 놓여 있는 입장에서 모든 것을 생각하는 자기중심적인 측면이 강하다고 할 수 있다. 운전자는 보행자를 방해물 또는 적이라 생각하고 보행자의 경우에도 차량을 적으로 생각하는 경우가 많다.

이러한 사실은 일반적으로 면허가 없는 보행자일수록 극단적이라고 해도 좋다. 갈 길이 바쁘기 때문이라든가, 차량들이 적기 때문에, 돌아가는 길이 멀기 때문에 무단횡단을 정당화 할 수 있으며 무단횡단 시에는 차량들이 반드시 멈추어 줄 것을 믿고 있다. 특히 문제가 많은 것은 유아에서 아동까지의 어린이들과 중년부인, 노인들로 나타나고 있다.

① 어린이

한 가지 밖에는 생각을 하지 못하는 단계, 즉 의식수준 레벨이 4단계에 많이 노출되어 있어서 무엇인가를 하고 싶은 욕망이 생기게 되면 주위의 상황과는 상관없이 욕구에 따라서 행동하기 쉽다. 예를 들면, 도로에서 몇 어린이가 놀고 있는데 차량이 오는 것도 모르고 놀다가 갑자기 뛰어나오다가 차에 부딪치거나 골목 안에서 놀다가 갑자기 달려 나오는 경우이다.

② 중년부인

중년부인들 중에서는 위험인식이 상대적으로 미약한 것으로 나타나고 있다. 이것은 자식걱정, 남편걱정 등등 주의집중의 포화상태에서 오는 현상이라고 말 할 수 있다. 또한 중년부인들은 반사신경 및 운동신경이 둔하기 때문에 자동차를 보기는 했으나 자신이 걸어가는 속도와 차량이 도달할 속도를 멋대로 계산해서 착각을 일으키게 된다.

③ 노인

신체, 기관, 조직기능이 쇠퇴하게 되고 그 결과 느낌이나 운동능력도 미약해서 아무리 주의를 주더라도 막무가내로 행동하면서도 위험을 실감하지 않는 행동능력을 보여준다.

④ 청 · 장년

젊은층의 남자들에게 사고가 많이 일어나는 것은 술에 취해 있거나 아니면 무리와 자신 과잉에서 생긴다.

2.2 안전운전과 성격

1) 운전과 성격

"사람은 성격대로 운전을 한다"라고 앞에서도 말한 바 있다. 차분한 사람은 차분한 운전을 하고 덜렁대는 사람은 덜렁대는 운전을 한다. 또한 젊은 사람이 중년층보다, 초심자가 숙련자보다, 여자보다는 남자가 일반적으로 성급하고 과격한 운전을 하는 경향이 있다. 그러나 어떤 사람은 편안하고 여유 있게 운전을 하는 경우도 있는데 이런 경우는 그 사람의 인격의 발로로 해석해도 좋을 것이다.

자동차라는 것이 정신 분석적으로 분석해보면 남근(penis)과 같은 것으로 간주하게 되고 일단 승차를 하게 되면 난폭한 것이 남성다운 것으로 잘못 생각하는 경향이 있어서 대담하고 공격적이며 지배적으로 되어 무법자가 되는 경우가 생긴다고 한다. 이처럼 남근성격의 특징은 표면화되기 쉬운데 사람에 따라서는 평소에는 얌전하다가도 운전만 하면 난폭해지는 것도 이러한 심리적인 성격 탓이라고 할 수 있으며, 현실적으로는 이러한 사람이 많은 것도 사실이다.

2) 사고다발 성격

본래 사고다발자라는 것을 어느 기준으로 정해야 하는 것인지 아직은 명확하지 않지만 현 저자의 경우도 운전경력 5년 이내에 3번의 사고가 났던 기억이 있다. 비록 눈길 및 추월 시 사고가 났지만 운전마음가짐을 바꾸고 난 뒤에는 10여 년 동안 사고가 하나도 없는 것으로 미루어 운전의 성격이 사고다발 경향을 나타낸다고 할 수 있다. 이러한 사고다발자의 성격을 보면 자기중심적, 이기적, 자제심의 부족, 긴장내성의 부족, 정서불안정성, 공격성 억제부족 등으로 나타난다.

3) 자기성격과대(열등감)

남자다운 남자, 자신이 있는 사람, 열등감이 없는 사람도 어떤 의미에서는 열등감을 가지고 있는 경우가 많다. 이러한 사람들 중에는 군중심리에 휘말리거나 칼이나 총을 잡게 되면 뜻하지 않게 강렬해지는 경향을 보이고 자동차 운전 시에도 이러한 열등감,

무력감을 보상이라도 하려는 듯이 자기과대감을 가지고 운전하는 경우가 많다.

그것은 자동차 운전 시 나타나는 강력한 파워, 스피드 등으로 인하여 열등감이나 무력감이 사라지면서 자기과대감이 생기기 쉽다는 것이며, 사람에 따라서는 우월감마저 생긴다. 이런 경우 마치 자동차를 자기의 일체감으로 생각하여 자동차가 달성해 내는 모든 것을 마치 자기가 해내는 것으로 착각하는 것 같다는 것이다. 자동차는 정신 분석적으로 남근을 상징하므로 남성특유의 상징인 것으로 자동차의 운전을 잘 한다거나 자동차의 성능이 좋다하는 것 모두를 남성적인 형태로 표시하는 것으로 생각한다는 것이다. 아직도 젊은 층에서는 남근성 자기과대 경향을 보이고 있는가 하면 일부 여성 운전자들에게서도 이러한 웃지 못 할 비극이 연출되고 있는 것은 참으로 시정되어야 할 일이 아닐 수 없다.

2.3 안전운전 상식

1) 정지거리

운전자가 주행 중에 장애물을 확인하고 브레이크를 밟아야 할 것이라고 판단한 후부터 자동차가 정지하기까지에 걸린 거리를 정지거리라고 한다. 정지거리는 공주거리(空走距離)와 제동거리(制動距離)로 나누며, 공주거리는 운전자가 위험상태를 인지하고 브레이크를 밟기 시작하면서 브레이크가 작동하기까지에 주행한 거리를 말하고, 제동거리란 브레이크가 작동하기 시작해서 자동차가 정지하기까지 자동차가 주행한 거리를 말한다. 정지거리를 그림으로 나타낸 것이 그림 7-1이다. 그러나 이러한 정지거리도 운전자의 운동신경이나 심신상태, 기계적으로 브레이크의 구조, 노면의 상황, 자동차의 중량이나 속도에 의해서도 달라질 수 있다.

2) 충격력

물체와 물체가 충돌했을 경우 운동에너지를 흡수할 수 있는 힘을 충격력(shock power)이라고 한다. **이 충격력은 속도의 제곱(square)에 비례하고 그 물체의 중량에 정비례해서 커진다.** 가령 자동차의 속도가 2배로 되었을 경우 충격력은 4배로 되며,

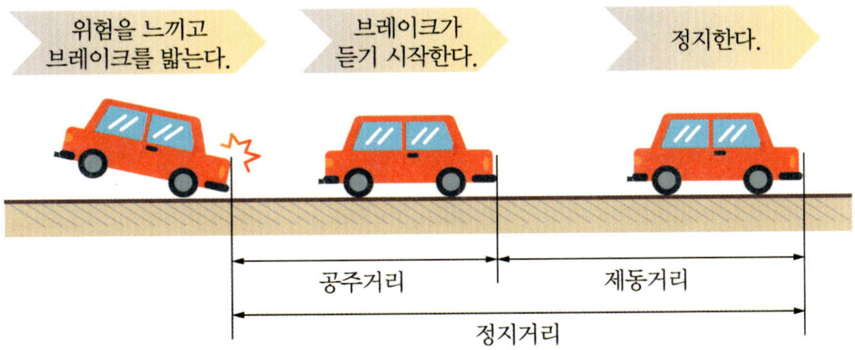

시속(Km/h)	10	20	30	40	50	60	70	80	90	100
공주거리(m)	2	6	9	11	14	17	19	22	25	28
제동거리(m)	1	3	6	11	18	27	39	54	68	84
정지거리(m)	3	9	15	22	32	44	58	76	93	112

※ 비올 때는 1.5배 이상, 결빙노면에서는 3배 이상

그림 7-1 정지거리(공주거리와 제동거리)

중량이 2배가 될 때 충격력은 2배로 된다. 또한 충격력은 충돌한 자동차가 정지하기까지에 소요된 시간이나 거리에 따라 변하고 정지시간이나 정지거리가 짧을수록 충격력은 커진다.

자동차가 충돌했을 경우 충격은 자동차만이 아니라 운전자나 동승자에게도 영향을 미치면서 적은 충격에서도 핸들에 가슴을 다치는 경우도 있으며, 운전자나 동승자는 운전 중의 불의의 사고에 대비해서 안전띠 등을 올바르게 장착하고 습관을 길러야 할 것이다.

3) 하이드로플래닝

빗길에서 고속으로 주행할 경우 노면에 있는 물기를 타이어의 홈을 통하여 충분히 배수해 내야 되는데 이렇지 못할 경우에 타이어가 노면으로 부상(浮上)해서 물 위를 미끄러져 가는 것과 같은 상태가 연출된다. 이러한 현상을 하이드로플래닝(hydroplaning)이라고 하는데 이러한 현상은 일반적으로 속도가 빠를수록, 타이어홈의 마모가 많을수록, 타이어의 공기압이 낮을수록 일어나기 쉽다. 또한 노면의 수심에 따라 영향을 미치며 가장 심한 경우는 수심이 1 cm 정도일 때이다.

4) 타이어 공기압

타이어 공기압이란 타이어에 충진된 공기의 압력을 말하는 것으로서 타이어는 적당한 공기압을 유지해야만 만족할 만한 타이어 본래의 역할을 다 할 수 있게 된다. 타이어와 공기압과의 관계는 자동차 운전에 있어 중요한 관계에 있는 것으로서 결코 분리해서는 생각할 수 없다.

자동차의 행동 특성 다시 말하면 주행, 회전, 정지, 동력의 전달 등 모든 운전 시 나타나는 현상은 타이어와 노면의 상태에 집약되고 있다. 이러한 의미에서 타이어와 공기압은 운전상으로 매우 중요한 것인데 타이어 공기압이 비정상일 경우 나타나는 현상은 다음과 같다.

① 타이어 강성이 변함에 따라 코너링 특성에 영향을 미침
② 공기압이 낮을 경우 타이어의 마모 가속화
③ 연료소비량의 증가
④ 공기압에 의해 승차감의 변화
⑤ 제동력의 변화

5) 원심력

자동차가 커브를 통과할 때에 진행방향으로 원의 중심에서 바깥쪽으로 쏠리는 힘이 작용하는데 이것을 원심력(centrifugal)이라고 한다. **원심력은 자동차 속도의 제곱(square)에 정비례하여 커진다.** 즉, 자동차의 속도가 2배로 되었을 때는 원심력이 2배가 되는 것이 아니라 4배가 된다는 것이다.

4륜차의 경우에는 원심력과 중력, 원심력이 클 경우 균형이 무너지면서 사고가 난 현장이나 사진을 많이 보아왔다. 원심력에 관계되는 것은 속도 이외에 커브의 형태와 차량의 중량이 관계된다. 회전반경이 적으면 적을수록 또 중량이 무거우면 무거울수록 원심력은 강하게 작용하게 된다.

6) 마찰력

물체가 다른 물체면의 위를 운동할 경우 접촉면에는 반대 힘이 작용하게 되는데 이

힘을 마찰력(friction)이라고 한다. 이러한 마찰력을 효과적으로 활용한 것이 자동차의 브레이크이다. 자동차 운전 시 가장 중요한 것은 얼마나 속도를 낼 수 있는가가 아니라 얼마나 잘 정지할 수 있는가이다. 그런 이유로 자동차 정비 중 가장 빈번하게 브레이크 라이닝 및 타이어 마모상태를 점검하는 습관을 가지고 있어야 한다.

3. 교통사고 처리 요령

3.1 사고 시 현장에서의 대처방법

① 사고가 나면 즉시 정차하여 피해자를 구호하고 가까운 경찰관서에 신고한다. 사고는 상대방의 입장에 따라 각자 유리한 주장만 하는 경우가 많으므로 경미한 사고라도 일단 경찰에 신고하여 필요한 조사가 이루어지도록 하는 것이 유익하다. 다만, 사고가 경미하고 사고의 양 당사자가 사고내용 및 그 처리에 대한 합의를 하였다면 굳이 경찰관서에 신고할 필요는 없다.

② 사후처리를 약속하고 헤어지는 경우라도 각서나 확인서 등을 통해 처리내용을 확인 해두는 것이 유익하며, 스프레이나 카메라 등으로 사고현장에 대한 기록을 남기는 것이 좋다. 이를 위해 자동차에는 일회용 카메라와 스프레이 등이 항상 비치되어 있는 것이 유익하다.

③ 사고원인 및 결과로 인해 가해자가 형사처벌을 받게 되는 경우에 가해자가 피해자에게 제의해 올 수 있는 형사합의는 가급적 이루어지는 것이 상호 도움이 되며, 부득이 이루어질 수 없는 경우라면 가해자는 법원에 공탁하고 피해자는 공탁금을 찾을 수 있다. 이 때 공탁은 반드시 피해자 거주지 관할 법원에서 하게 된다.

가해자측이 보험에 가입된 경우라면 해당 보험회사로부터 치료병원이나 정비공장에 대한 보증을 받고, 보험에 가입하지 않은 경우라면 가해자의 경제적 능력을 고려하여 원만히 합의하거나 혹은 가해자측의 친인척을 채무보증인으로 세워

합의한다.

④ 피해배상의 기준에 대하여는 손해사정인에게 손해액사정을 의뢰하여 그 결과를 기준으로 합의할 수 있으며 특히 가해자가 보험에 가입한 경우엔 손해액사정서를 해당 보험회사에 제출하면 해당 손해사정서의 내용에 특별한 하자가 없는 경우 10일 이내에 손해사정서의 내용을 기준으로 한 보상금을 지급받을 수 있으며, 손해사정인을 선임하지 않은 경우에는 가해자측 보험회사가 단독으로 결정한 보상금을 통보받는다.

3.2 자동차 사고와 책임

1) 책임의 종류

교통사고를 낸 가해자는 형사상의 책임과 민사상의 책임 및 행정상의 책임 등 3가지 책임이 따른다.

① 형사상 책임 : 교통사고처리특계법 제3조에 따라 운전자 본인에 대한 형벌이나 벌금 등 형사상 처벌에 관한 책임

② 민사상의 책임 : 자동차의 운전자와 그 소유자가 자동차 손해배상보장법 제3조 및 민법 제750조에 따른 피해자측에 대한 손해배상(치료비, 수리비, 위자료, 소득손실, 장해보상 등) 책임

③ 행정상의 책임 : 운전면허 행정에 따른 책임(즉 벌점부과, 면허정지 및 취소, 범칙금부과 등)

2) 형사책임 면제 기준

해당사고가 중앙선침범 등 소위 10개 항목 및 사망이나 사고 후 도주(뺑소니) 사고에 해당되지 않고 가해자동차가 자동차종합보험(플러스보험 및 공제보험포함)에 가입되어 종합보험회사로부터 정상적으로 보상을 받을 수 있는 경우, 다만 종합보험에는 가입되어 있더라도 보험회사의 보상책임이 없는 사고(면책사고)는 해당되지 않는다. 사고당시에 종합보험에 의한 보상이 가능하면 되고, 사고 이후에 보험기간 만료 등으

로 해지나 해약한 경우에도 상관없다.

3) 10개 항목 사고

(1) 중앙선침범 및 고속도로, 자동차 전용도로에서의 횡단, 유턴, 후진 위반

중앙선이 실제로 존재하여야 한다. 중앙선이 없는 도로에서의 가상중앙선이나 중앙선이 끊긴 교차로, 중앙선이 공사 등으로 지워진 경우는 해당되지 않는다. 횡단보도 내에서의 중앙선침범도 횡단보도 내에서는 중앙선이 없기 때문에 적용되지 않는다.

바퀴가 반드시 중앙선을 넘어가야 하는 것은 아니다. 즉, 바퀴는 넘지 않았더라도 자체가 넘어간 상태이고 이것이 원인이 되어 상대방 차량과 충돌하였다면 중앙선침범이 될 수 있다.

가변차선의 경우는 신호위반으로 본다. 대학교 구내도로, 병원이나 회사 내 구내도로 등 관할 행정기관(지방 경찰청)의 허락 없이 임의로 중앙선이 설치된 도로에서는 중앙선침범이 적용되지 않는다.

(2) 음주운전 및 약물 복용

술을 마셨다고 해서 모두 음주운전은 아니다. 즉, 측정당시의 혈중 알코올농도가 0.05% 이하인 상태는 음주운전이 아니다. 사고 당시에 음주측정을 하지 않고 상당한 시간이 지나 측정을 하였다면 경과시간당 0.02% 정도씩 알코올농도가 감소하는 것으로 추정하여 역산한다. 사고 후 3시간이 경과한 상태에서의 측정결과가 0.02가 나왔더라도 시간당 0.02를 가산하여 0.08 (0.02 + 0.06) = 0.0064로 음주운전이 된다.

음주측정은 운전자의 체혈을 이용하여 측정할 수도 있다. 반드시 측정행위가 이루어진 결과여야 한다. 음주사고로 의심되는 사고에서 운전자로부터 음주사실을 확인받고 경찰신고 없이 헤어졌다 하더라도 그 이튿날 음주사실을 부인하면 달리 어쩔 수가 없다.

(3) 무면허운전

면허없는 운전, 종별 운전가능범위를 넘어선 운전, 면허정지기간 중의 운전, 면허취소 후의 운전 등이 모두 해당된다. 행정적인 면허증 발급일 혹은 정지기간 만료일 이후 면허증을 실제로 발급 혹은 반환 받은 일자 사이의 기간 동안 실제 면허증을 소지하지 않은 상태에서의 운전은 무면허운전이 아니다.

면허정지와 면허취소 등은 그 행정처분이 실제로 도달하였을 때부터 효력이 개시된다. 50cc 이하 오토바이 운전에도 원동기 면허가 없다면 무면허 운전이다. 자전차에 원동기를 부착한 경우도 원동기 면허가 있어야 한다.

(4) 과속

과속여부는 '스키드마크(SM)'에 의한 측정으로 판단한다. '스키드마크'란 자동차가 급제동 후 최종적으로 멈춘 지점까지의 바퀴자국을 뜻한다.

① 속도의 산출

스키드마크에 도로마찰계수(대부분의 건조한 아스팔트 도로는 0.75, 습윤한 도로의 마찰계수는 0.70, 빙결 0.2)를 곱하여 나온 값에 254를 다시 곱한 후 루트화 시킨 값이다. 스키드마크에 의한 속도측정은 바퀴자국의 불완전, 자동차 제동기술의 발달, 차체무게와 화물 혹은 승객 중량의 미반영 등의 이유로 현실적인 오류가 많지만 현실적으로는 달리 대안이 없다.

중대한 사고인 경우 국립과학수사연구소 등을 동원하여 차량무게와 충격 후 튕긴 각도 등을 종합적으로 분석하기도 하지만 그 결과도 완전하지 못하기는 매일반이다. 따라서 스키드마크가 지워지지 않도록 증거보전이 되는 것이 중요하다.

해당도로의 제한시속을 20 km 이상 초과하여야 과속이 된다. 외견상 상당한 속도로 주행하였으리라는 짐작만으로는 과속판단이 곤란하다. 기후에 따라 도로의 제한속도가 달라진다.

㉠ 제한속도의 20% 감속 – 비가 내려 노면에 습기가 있거나 눈이 20 mm 미만으로 쌓인 때

㉡ 제한속도의 50% 감속 – 폭우나 폭설 또는 안개 등으로 가시거리가 100 m 이내인 때 및 노면이 얼어붙어 있는 때, 사고 당시의 기상상태를 기상청을 이용하여 확인받아 두는 것도 유익하다.

대학교 구내도로, 병원이나 회사 내 구내도로 등에 임의로 정해진 제한속도는 효력이 없다.

(5) 신호 및 지시위반

신호위반의 여부는 교차로 진입시기가 기준이 된다. 교통경찰관이나 모범운전사 등의 수신호위반도 신호위반에 속한다. 황색불 진입은 신호위반이다. 녹색진입 후 교차로 내에서 신호가 바뀐 경우는 신호위반이 아니다. 신호위반 진입차량과 선출발 상대차량간의 사고에서 상대차량이 신호에 앞서 출발한 것에 대한 현실적인 입증은 곤란하다.

신호가 바뀌기를 기다리는 입장에서는 신호를 무시하고 늦게 진입하는 상대차량에 대해 더 주목하기 때문에 자기대열에서 다소 먼저 출발하는 다른 차량을 확실하게 기억하기 곤란하기 때문이다.

비보호좌회전 도로에서의 사고는 직진도로의 신호가 어떠하던 간에 상관없이 좌회전차량의 신호위반이다. 이 경우 직진도로의 자동차도 신호를 위반했다면 양 차량 공히 신호위반이 된다.

목격자를 확보하는 일이 가장 중요하다. 교차로의 신호체계를 분석하는 일이 중요하다. 일방통행의 역주행은 신호 및 지시위반에 속한다. 대학교 구내도로, 병원이나 회사 내 구내 도로 등에 임의로 정하여 설치한 신호 및 지시표시는 효력이 없다.

(6) 횡단보도에서의 보행자 보호의무 위반

반드시 횡단보도 안에서의 사고여야 한다. 횡단보도는 신호가 있건 없건 상관이 없다. 충격지점이 횡단보도에서 1 cm라도 벗어났다면 횡단보도사고가 아니다. 정지선과 횡단보도 사이에서의 사고는 횡단보도 사고가 아니다. 대학교 구내도로, 병원이나 회사내 구내도로, 아파트단지 내 도로 등에 임의로 설치된 횡단보도는 효력이 없다.

(7) 철길건널목 통과방법 위반

철길건널목에서 건널목통과방법을 준수하지 않고 통과한 사고간수와 신호 및 차단기 등의 지시에 따라야 하며, 좌우를 살펴 안전을 확인한 수 통과하여야 한다.

(8) 앞지르기 방법 또는 금지 및 끼어들기 금지 위반

① 언덕길 정상에서의 추월행위로 인한 사고

② 교차로에서의 추월행위로 인한 사고
③ 2개 차선 이상의 추월행위로 인한 사고
④ 개문발차 버스나 택시 등 승객의 유료운송에 관한 업을 하는 차량이 출입문을 닫지 않은 채 운행 시 발생한 사고

(9) 인도발진

인도로 돌진한 차량에 의해 접촉된 사고, 중앙선을 침범하는 차량을 피하려다 발생한 사고 등 불가피한 경우에는 해당되지 않는다.

'인도(보도)'란 보도블록 등 별도의 구획된 시설에 의해 보행인의 통행에 전용하려는 용도로 명확하게 구분되어진 보도를 말한다. 구획선에 의해 구획된 도로는 보차도가 구분되어 있지 않은 도로에 속한다.

(10) 승객 추락 방지 의무 위반

문을 연 상태에서 차를 세우거나 출발한 경우

3.3 가해자와 피해자

1) 가해자/피해자 구분 이유

형사 및 행정상의 필요에 의해 구분된다. 즉, 형사 및 행정상의 책임은 가해자에게만 부가한다. 아무리 과실이 많더라도 피해자로 구분되는 측에게는 형사 및 행정상의 책임을 묻지 않는다. 반대로 손해배상과 관련되는 민사상의 책임에서는 가/피해자의 구분이 현실적으로 필요 없다. 즉, 손해배상은 과실책임의 원리에 따라 자신의 과실비율에 해당하는 손해만 배상하면 된다.

※ 공영보험법과 제도적인 필요 등에 따라 일부의 예외도 있다.

2) 자동차와 사람

사람의 과실이 많든 적든 간에 거의 언제나 자동차가 가해자가 된다. 예를 들면, 차량진행신호에 횡단보도를 횡단한 사람을 충격한 경우에도 자동차는 가해자가 된다. 다만, 가만히 주차되어 있는 자동차에 만취하여 지나던 사람이 충돌되었다거나 어린이들이 세발자전거 등으로 충돌하는 등 명백히 자동차의 과실을 인정하기 곤란한 경우에는 해당되지 않는다.

3) 자동차와 자동차

도로교통법상의 사고원인을 제공한 측이 가해자가 된다. 산술적으로 보면 조금이라도 과실이 많은 측, 예를 들면 51%의 자동차측이 가해자가 되고, 49%의 자동차측이 피해자가 되는 식이다.

4) 자동차와 자전거

도로교통법상 일방적인 명백한 법규위반사고(중앙선침범, 신호위반 등)를 제외하면 자전차측의 과실이 많은 적든 간에 거의 언제나 자동차가 가해자가 된다.

4. 교통사고 처리특례

4.1 교통사고 처리특례법의 개요

(1) 교통사고처리특례법은 피해자가 가해자의 처벌을 원치 않을 경우에 형사처벌을 할 수 없도록(반의사불벌죄) 특례를 인정해 주는 법으로서 교통사고 관련자에 대한 처리절차를 신속하고 간편하게 하기 위해 제정되었다.

(2) 이 법에는 특례적용을 받지 못하는 예외조항이 있어 피해자와 합의하여도 형사처벌을 받게 되는 경우가 있다.

① 인적피해사고

- 치사사고 → 교통사고처리특례법 제3조 제1항 – 형사입건
- 치상사고

피해자의 불벌의사가 있을 때 (종합보험가입, 합의성립)	교통사고처리특례법 제3조 2항 적용 – 공소권 없음(원인행위만 도로교통법 적용통상처리)
피해자의 불벌의사가 없을 때 (종합보험미가입, 합의불성립)	교통사고처리특례법 제3조 1항 적용 – 형사입건
피해자의 의사와 관계없이 처벌 (신호위반 등 10개항)	교통사고처리특례법 제3조 1항 적용 – 형사입건

② 물적피해사고

피해자의 불벌의사가 있을 때(종합보험가입, 합의성립)	교통사고처리특례법 제3조 2항 적용 – 공소권 없음(원인행위만 도로교통법 적용통상처리) * 피해액 80만원 미만 사고 – 경찰내사 종결
피해자의 불벌의사가 없을 때(종합보험미가입, 합의불성립)	도로교통법 제108조 적용 – 형사입건 * 피해액 20만원 이하 – 즉심회부

③ 도주사고

- 교통사고 야기 후 조치 등 불이행

도주하였을 때 인적피해사고	특정범죄가중처벌 등에 관한법률 제5조의 3 적용 – 형사입건
단순물적피해사고	도로교통법 제106조 적용 – 형사입건
신고하지 않았을 때 (인적, 물적피해사고)	도로교통법 제111조 3호 적용 – 형사입건

4.2 처벌의 특례

1) 교통사고의 처벌 형량

① 치사·상 사고
자동차 운전 중 운전자의 과실로 다른 사람을 사상케 한 때에는 5년 이하의 금고 또는 2천만원 이하의 벌금형을 받게 된다.

② 물적피해사고
자동차 운전 중 다른 사람의 건조물, 그 밖의 재물을 손괴한 때는 2년 이하의 금고 또는 500만원 이하의 벌금을 물게 된다.

2) 형사처벌 되지 않는 경우(피해자와 합의한 경우)

① 중요 위반 행위 10개 항목 이외의 행위로 자동차 운전 중 사람을 다치게 한 경우
② 운전자가 업무상 필요한 주의를 게을리 하거나 중대한 과실로 다른 사람의 건조물, 그 밖의 재물을 손괴한 때(물적피해사고)
③ 피해 전액을 보상하는 보험·공제에 가입한 때
④ 가해 차량이 인적, 물적 피해에 대하여 무한 보상을 보장하고 있는 자동차 종합보험이나 영업용 차량 등의 공제 조합에 가입되어 있을 때에도 피해자와 합의가 성립된 것으로 간주하여 10개의 항목 이외의 행위로 인한 치상 사고 및 물적 피해 사고의 형사처벌을 면제받는다.

3) 형사처벌 되는 경우

① 사망사고를 일으킨 때
② 교통사고 처리 특례법상 주의사항
㉠ 사고야기 과정에서 과실이나 주의태만의 결과가 아니라 운전자의 고의에 의한 경우에는 교통사고처리특례법의 적용대상이 아니고 형법상의 살인 또는 상해죄가 된다.
㉡ 가해 차량이 특례적용으로 형사 면책사유가 될 때에는 비록 피해자가 가해

자의 처벌을 원하더라도 형사 면책이 된다.

㉢ 합의 불이행으로 경찰, 검찰, 법원 등에 계류 중인 사건이라도 1심판결 전에 피해자와 합의가 이루어지면 즉시 검사의 공소권은 소멸되고 형사사건은 종결된다.

㉣ 교통사고처리 특례법상 형사처벌이 면제되는 경우라도 행정적 처벌은 별도로 적용된다.

5. 용어정의

(1) "교통사고"란 도로교통법 제2조에 규정하는 도로에서 차의 교통으로 인하여 발생한 인적, 물적피해가 따르는 사고를 말한다. 단, 1984년부터의 통계는 인적피해(인피)사고만을 의미하며 물적 피해사고는 포함하지 않는다.

(2) 교통사고 인적피해의 구분

① "사망"이란 교통사고 발생 시로부터 72시간 이내에 사망한 경우

② "중상"이란 교통사고로 인하여 3주 이상의 치료를 요하는 부상을 입은 경우

③ "경상"이란 교통사고로 인하여 5일 이상 3주 미만의 치료를 요하는 부상을 입은 경우

④ "부상신고"란 교통사고로 인하여 5일 미만의 치료를 요하는 부상을 입은 경우

(3) "제1당사자"란 당해 교통사고에 관계한 사람 가운데 과실이 가장 무거운 사람이며, 과실의 정도가 같을 때에는 피해가 가장 가벼운 사람을 말한다.

(4) "주(낮)"이란 일출부터 일몰까지의 사이를 말한다.

(5) "치사율"이란 사망자수/사고발생건수 × 100으로 산출된 수치를 말한다.

(6) 어린이는 중학생 이하이고, 모든 당사자를 말한다.

Chap 8

전기안전

1. 전격(감전)이란
2. 전기화재
3. 낙뢰와 피뢰
4. 정전기(靜電氣) 이론
5. 정전기 발생에 영향을 주는 요인
6. 정전기 발생 방지대책

1. 전격(감전)이란

인체의 일부 또는 전체에 전류가 흐르는 현상을 말하며, 이에 의해 인체가 받게 되는 충격을 전격(電擊)이라고 한다. 전격은 간단한 충격으로부터 심한 고통을 받는 충격, 근육의 수축, 호흡의 곤란, 때로는 심실세동에 의한 사망까지도 발생한다. 이러한 전격의 정도는 **통전전류의 크기, 통전경로, 통전시간, 전원의 종류**에 따라 결정된다.

1.1 통전전류와 인체반응

(1) 최소 감지전류(Perception current)

인체에 전류가 서서히 증가하면 고통의 느끼지 않으면서 짜릿하게 전기가 흐르는 것을 감지하게 되는데 이때의 전류값을 말한다.

표 8-1 통전전류와 전격의 영향

<table>
<tr><th colspan="2" rowspan="3">전격의 영향</th><th colspan="2" rowspan="2">직류(mA)</th><th colspan="2">교류(실효치, mA)</th></tr>
<tr><th colspan="2">60 Hz</th></tr>
<tr><th>남</th><th>여</th><th>남</th><th>여</th></tr>
<tr><td colspan="2">느낄 수 있음(최소감지전류)</td><td>5.2</td><td>3.5</td><td>1.1</td><td>0.7</td></tr>
<tr><td colspan="2">고통이 없는 쇼크, 근육은 자유로움</td><td>9</td><td>6</td><td>1.8</td><td>1.2</td></tr>
<tr><td colspan="2">고통이 있는 쇼크, 근육은 자유로움(가수전류)</td><td>62</td><td>41</td><td>9</td><td>6</td></tr>
<tr><td colspan="2">고통이 있는 쇼크, 이탈한계(불수전류)</td><td>74</td><td>50</td><td>16</td><td>10.5</td></tr>
<tr><td colspan="2">고통이 격렬한 쇼크, 근육경직, 호흡곤란</td><td>90</td><td>60</td><td>23</td><td>15</td></tr>
<tr><td rowspan="2">심실세동의 가능성</td><td>통전시간 : 0.03초</td><td>1,300</td><td>1,300</td><td>1,000</td><td>1,000</td></tr>
<tr><td>통전시간 : 3초</td><td>500</td><td>500</td><td>100</td><td>100</td></tr>
<tr><td colspan="2">심실세동이 확실하게 발생</td><td colspan="4">위 값을 2.75배 한 것</td></tr>
</table>

(2) 고통을 수반하는 쇼크(이탈전류 또는 가수전류)

근육은 자유스럽고 인체가 자력으로 이탈할 수 있는 전류를 말한다.

(3) 불수전류

이탈전류 이상이 되면 근육에 경련이 일어나며 전선을 잡은 채로 손을 뗄 수가 없다. 이것을 불수전류라고 한다.

(4) 고통한계전류

통전전류가 최소감지전류보다 커지면 어느 순간부터는 고통을 느끼게 되는데, 참을 수 있는 한계는 실험적으로 명확하게 밝혀진 것은 없지만 보통 7~8 mA 정도가 되는 것으로 여러 문헌에서 기술하고 있다.

(5) 고온증

통전시간이 길게 되면 인체저항 때문에 신체에 주울(Joule)열이 발생한다. 그 결과 인체조직의 온도가 상승하며 정상적인 기능이 상실되며 별다른 장애가 없어도 사망할 수가 있다.

(6) 호흡곤란, 질식(60Hz의 상용주파수)

전류가 흉부나 심장으로 흐르면 그 부분은 근육의 경련, 수축 등으로 인해 질식할 수도 있다. 이럴 경우 전격의 대상물을 빨리 치우고 즉시 응급조치가 필요하며 인공호흡 및 심장마사지가 필요하다.

(7) 전기화상

전기불꽃, 즉 아크열에 의하여 일어나는 화상을 특히 전기화상이라 한다. 전기화상도 외부적으로는 보통의 화상과 같으나 고온의 아크열에 의한 열상이기 때문에 제2도 화상 또는 제3도 화상이 대부분이며 생명에 위험이 있다.

(8) 심실세동

인체에 통전되는 전류가 더욱 증가되면 전류의 일부가 심장부분을 흐르게 된다. 이렇게 되면 심장이 정상적인 맥동을 하지 못하며 불규칙적으로 세동을 하게 되어 결국 혈액의 순환에 장애를 가져오게 된다.

이와 같은 현상을 심실세동(心室細動 : Venticular fibrilation)이라 부르며, 일단 이 상태가 되면 전류를 제거하여도 자연적으로는 건강을 회복하지 못하고 그대로 방치하여 두면 수분 내에 상하게 된다.

심실세동에 관한 식은 Daziel에 의한 다음과 같은 식이 일반적으로 널리 인정되고 있다.

$$\text{전류 } I = \frac{116}{\sqrt{T}} \text{ [mA]}$$

여기서, I : 1,000명 중 5명 정도가 심실세동을 일으키는 값

T : 통전시간(초)

1.2 인체저항

인체에 전압이 인가되면 체내로 전류가 흐르게 되어 전격의 정도를 결정하지만, 전압이 인가되더라도 전류의 크기가 크지 않으면 전격현상은 일어나지 않는다. 외부 인가전압에 대해 통전전류 크기를 결정하는 것은 통전회로를 구성하는 전기저항인데, 감전사고의 경우에는 인체가 통전회로에서 가장 큰 전기저항을 가지게 되기 때문에 인체저항은 전격의 위험을 결정하는 가장 큰 변수가 된다.

(1) 인체 각부의 저항

보통 인체의 전기저항은 피부저항이 약 2,500 Ω, 내부조직저항이 약 300 Ω, 발과 신발 사이의 저항을 1,500 Ω, 신발과 대지 사이를 700 Ω으로 보아, 전체저항은 약 5,000 Ω으로 보고 있지만 이것은 피부가 젖은 정도, 인가전압 등에 의해 크게 변화하며 인가전압이 커짐에 따라 약 500 Ω 이하까지 감소한다.

또 피부저항은 피부에 땀이 나 있는 경우는 건조시의 약 1/12～1/20, 물에 젖어 있을 경우는 1/25로 저하된다.

1.3 안전전압(상용주파수의 경우)

(1) 전압전로 지락보호 지침

① 인체의 대부분이 수중에 있는 상태에서는 2.5 V 이상이면 위험한 것으로 보고 있다. 목욕탕이나 수영장에 해당한다.

② 인체가 많이 젖어 있는 상태, 또는 금속제 구조물에 인체의 일부가 항상 접속되어 있는 상태에서는 25 V를 초과하면 위험하다.

1930년 미국의 화재보험협회시험소에서 양손에 공구를 잡게 하고 60 Hz의 정현파 교류전압을 가해 13명의 남자에 대해서 실험을 했는데, 그 결과 견딜 수 있는 안전한 전압은 최저 20 V, 최고 40 V, 평균 28.7 V로 나왔다. 이 실험에 있어서의 인체저항의 평균은 3,560 Ω이었다.

실제 사망한 사례를 들어보면 이탈리아에서 46 V, 일본에서는 35 V, 또 50 V의 전구를 교체하려다 소켓에 닿아 감전사한 예도 있다. 각국이 채용하고 있는 안전전압은 표 8-2와 같다. 일본에서는 안전규칙에서 30 V 이하를 안전전압으로 하고 있다.

표 8-2 각국의 안전전압

국명	안전전압(V)	국명	안전전압(V)
체코	20	프랑스	14 (AC) 50 (DC)
독일	24	네덜란드	50
영국	24	한국	30
일본	24～30	오스트리아	60 (0.5초)
벨기에	35		110～130 (0.2초)
스위스	36		

Point

전기감전 재해

- 재해 : 핸드그라인더로 사상 작업을 하던 중 손상된 케이블에 감전
- 재해개요 : 모 사업장의 용접공인 재해자가 파이프 TIG 용접 후 방사선 투과시험 결과 결함이 발견되자 다시 용접을 한 다음 핸드그라인더로 작업부위를 사상하는 마무리 작업을 하던 중 핸드그라인더의 벗겨진 충전부에 감전되어 사망한 재해이다.
- 재해원인
  ① 작업 전 장비점검 미흡
  ② 핸드그라인더 코드선 절연피복이 벗겨짐에 따른 충전부 노출
  ③ 누전차단기 미접속 사용
- 예방대책
  ① 작업 전 장비점검 실시 철저
  ② 휴대용 전기기계 기구의 피복손상 부위 절연조치 철저
  ③ 이동형 또는 휴대용 전동기계 기구 취급 시 감전방지용 누전차단기 접속 사용
  ※ 이러한 사고를 볼 때 사고는 아주 원시적인 문제로부터 시작됨을 알 수 있다. 이러한 기본적인 원칙을 지켜나가는 것이 안전관리인 것이다.

2. 전기화재

2.1 개요 및 분류

전기화재란 전기적인 원인(전기에 의한 발열체)이 발화원으로 되는 화재를 말하며, 그 원인은 매우 다양하여 체계적인 분류가 곤란하다. 그러나 그 내용을 분류할 때 옥내배선 · 전기풍로 · 변압기 등의 발화개소(발화기인물)별로 나누는 방법, 누전 · 단락 · 접촉불량 · 사용방치 등의 사용 상황별로 나누는 방법 등이 있다.

또 화재원인은 발화원 · 착화물 · 출화의 경과(발화형태)의 세 가지로 나뉜다. 그것을 시 세분하는 방법이 있는데, 이것은 화재원인을 조사하고 예방대책 마련에 현재로서는 가장 효과적인 방법이라 생각되며 소방행정의 방침 등을 결정함에 있어서도 중요하게 작용할 것으로 기대된다.

1) 발화원에 의한 전기화재

① 이동가능한 전열기
② 고정전열기
③ 전기기기
④ 전기장치
⑤ 전등, 전화 등의 배선
⑥ 배선기구
⑦ 누전으로 발열하기 쉬운 부분
⑧ 정전기스파크

2) 경과에 의한 전기화재

① 누전
② 과열
③ 절연열화 · 절연파괴
④ 전기불꽃
⑤ 단락
⑥ 지락
⑦ 접속부의 발열
⑧ 열적경과
⑨ 정전기
⑩ 낙뢰

2.2 출화의 경과에 의한 전기화재

1) 누전

발화원인으로서의 누전은 전류의 통로로 설계된 이 외의 곳으로 전류가 흐르는 현상이다. 또 누전화재라 함은 "전류가 통로로 설계된 부분으로부터 흘러나와 건물 및 부대시설 또는 공작물의 일부로 흘러 이것을 발열시켜 발생되는 화재"라고 정의한다. 여기서 말하는 부대설비는 빨래줄 · 물받이 · 굴뚝 · 간판 · 가스 · 수도관 등과 같이 원칙적으로 건물에 고정시킨 설치물을 말하며, 또 공작물이란 담장 · 굴뚝 · 간판탑 등을 말한다. 누전화재는 그 상태가 각양각색이나 누전점, 발화원, 접지점(확실한 접지의 존재 및 접지 저항치)의 3가지 요건이 존재한다. 누전전로의 경로는 그림 8-1과 같다. 발화까지 이를 수 있는 누전전류의 최소치는 300~500 mA이다.

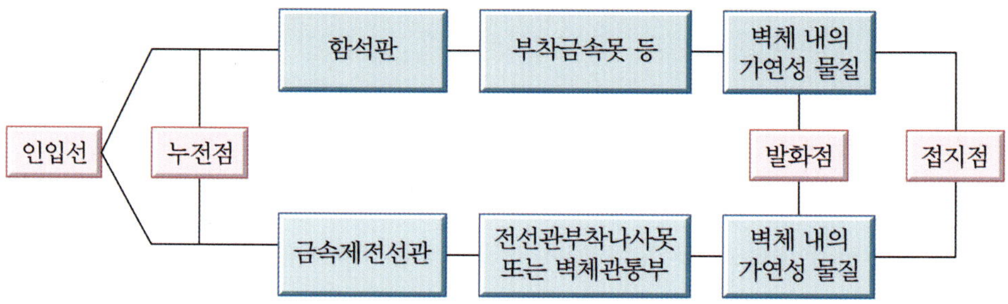

그림 8-1 누전전류의 경로

2) 과열

전선의 전류가 흐르면 Joule의 법칙에 의해 열이 발생한다. 이 열은 안전 허용전류 범위 내에서 발열과 방열이 평형되어 있으나 평형이 깨어지면 과열이 된다. 여기서 말하는 과열이란 "전기기기, 배선 등의 설계된 정상동작 상태의 온도 이상으로 가열하는 일"을 말한다. 전동기나 전선의 과부하로 오는 그 자체의 온도상승은 전자이고, 후자의 예로서는 전열기의 꽂아 놓은 채로 버려둠으로써 발생하는 판벽의 탄화연소 등이 있다.

3) 절연열화, 절연파괴

전기적으로 절연된 물질 상호간에 전기저항이 감소하여 많은 전류를 흐르게 하는 현상을 절연 파괴라고 한다. 절연파괴의 원인으로서는 기계적 성질의 저하, 취급불량에서 오는 절연 피복의 손상이나 이상전압의 발생에서 오는 절연파괴나 허용전류를 넘는 전류에서 오는 과열, 시간의 경과에 따른 절연성의 열화 등으로 인하여 절연 내력이 점차로 저하하여 마침내 절연피복의 변질에 대한 원인이 된다. 즉, 전기설비가 견딜 수 있는 전압은 공칭전압의 수배로 정해져 있으나 앞에서 말한 여러 가지 원인으로 그 절연내력이 점차로 저하하여 마침내 절연파괴를 일으킨다.

4) 전기불꽃(spark)

화재원인으로서의 전기불꽃은 특히 개폐기나 콘센트를 조작할 때에 발생하는 불꽃이 문제가 된다. 개폐기는 단로기(DS : Disconnecting Switch)를 제외한 전부가 어떤 일정한 전압(최소발호전압) 이상의 전압이 가해진 회로의 차단 때에 불꽃을 낸다. 그러나 회로 중에 인덕턴스를 포함할 때는 회로전압이 최소발호전압 이하라도 과도형상에 의한 전압상승으로 차단할 때 arc 또는 glow를 내는 일이 있다. 또 개폐할 때 접촉저항으로 접촉부분의 금속이 과열되어 불꽃을 내는 일도 있다. 그리고 전기불꽃은 아니지만 전등도 유리가 파손되면 필라멘트가 노출되어 전기불꽃과 같은 위험이 있으며, 전기설비에서 발생하는 전기 불꽃은 모두가 점화원이 될 수 있다.

5) 단락

전기회로나 전기기기의 절연체가 전기적 또는 기계적 원인으로 열화 또는 파괴되어 합선에 의하여 1,000～1,500 A 정도이고, 이로 인한 spark에 의해 발화한다. 발화의 형태를 살펴보면,

① 단락점에서 발생한 스파크가 주위의 인화성 가스 또는 물질에 연소한 경우
② 단락순간의 가열된 전선이 주위의 인화성 물질 또는 가연성물체에 접촉한 경우
③ 단락점 이외의 전선피복이 연소하는 경우에 화재가 발생한다.

6) 지락

지락이란 전류가 정상적인 전기회로에서 벗어나 도체에 있어서 대지로 통하는 경우이다. 이러한 경우가 접지저항 등의 문제가 되는데, 예로서 창고 내의 화물용 lift와 동력배선이 lift의 철기둥에 지락하여 스파크를 발생하고 옆에 있던 쓰레기통에 인화하

거나 전주상의 고압애자가 파손되어 전주본체로 전류가 흘러 발화하는 경우 등이 있다.

7) 접속부의 발열

전선과 전선, 전선과 단자 또는 접촉면 등의 도체에 있어서 접촉상태가 불완전하면 특별한 접촉저항을 나타내어 발열하게 된다. 이러한 발열은 국부적이고 그 부분은 시간의 경과에 따라 접촉부의 변형으로 접촉 부위면이 거칠어지고 접촉저항이 증가하게 되어 적열되므로 주위의 가연물에 인화 착화하게 된다.

8) 열적 경과

전등, 전열기 등을 가연물 주위에서 사용하거나 열의 방산이 잘 안 되는 상태에서 사용할 경우 가연물에 열이 축적되어 발화되는 경우이다. 예로서 전등을 담요로 씌워 방치한 결과 전구의 열에 의하여 담요에 착화한 경우 등을 들 수 있다.

9) 정전기

정전기는 물질의 마찰에 의하여 발생하는 것으로 대전된 도체 사이에서 방전이 생길 경우 주위에 있던 가연성 가스 및 증기에 인화되는데 다음과 같은 조건으로 충족되어야 한다.

① 가연성 가스 및 증기가 폭발한계 내일 것
② 정전 스파크 에너지가 가연성 가스 및 증기의 최소 착화 에너지 이상일 것
③ 방전하기에 충분한 전위차가 있을 것

10) 낙뢰

낙뢰는 일정의 정전기로서 구름과 대지간의 방전현상인데 낙뢰가 생기면 전기회로에 이상전압이 유기되어 절연을 파괴시킬 뿐만 아니라, 이 때 흐르는 대전류가 화재의 원인이 된다.

2.3 전기화재 원인별 발생비율

(1) 발화원별 발생비율

① 이동가능한 전열기(35%)
② 전등 · 전화 등의 배선(27%)
③ 전기 기기 및 장치(23%)
④ 배선기구(5%)
⑤ 고정된 전열기(5%)

(2) 출화의 경과별 발생비율

① 단락(25%)
② 전기불꽃(24%)
③ 접촉부의 발열(12%)
④ 절연열화 및 파괴(11%)
⑤ 과열(8%)

(3) 1991년의 통계에서는 다음과 같다.

① 이동식 전열기(7.9%)
② 고정식 전열기(3.8%)
③ 전기 기기 및 장치(18.5%)
④ 배선(57.7%)
⑤ 배선기구(7.3%)

3. 낙뢰와 피뢰

3.1 뇌운의 발생 및 재해

뇌란 정전기를 띤 뇌운과 대지, 또는 뇌운과 뇌운 사이에 일어나는 일종의 방전현상을 말하는 것이다. 뇌운의 대전기구에 대하여 가장 널리 알려진 Simpson설을 소개하면 다음과 같다.

습기를 가진 상승기류가 상공에 이르게 되면 응결하여 물방울이 되어 그 중에서 큰 것은 중력으로 인하여 다시 내려온다. 다시 말하면 직경이 0.5 cm의 물방울은 중력에 의하여 8m/sec의 속도로 내려오게 되는데, 상승기류의 속도가 8 m/sec 이상이 되면 물방울은 내려오지 못하고 공중에 떠있게 되며, 이 물방울이 0.5 cm 이상이 되면 기류와의 상대속도가 커져서 물방울은 분열한다. 이 때 물방울은 (+)로, 기류는 (−)로 대전하게 된다. 이 (+)로 대전된 물방울은 다시 상승하여 도중에 큰 물방울로 되며, 이것은 중력에 의하여 다시 내려오면서 분열하게 된다. 이렇게 (+)로 대전한 물방울은 점점 (+)의 전하를 많이 가지게 된다. 이와 같은 가정에 의하여 Simpson씨는 그림 8-2와 같은 전하의 상상도를 만들어 전하의 대전설을 설명하고 있는데, 그림에서 A부분이 상승기류가 가장 성한 곳이며, B부분이 (+)대전이 가장 많은 곳이고, C부분이 비가 내리는 곳으로 설명하고 있다.

보통 뇌운은 지상 1～3 km 높이에 떠 있으며 또 공기 중에서의 방전은 1 cm에 약 30 KV의 전압이 필요하므로 뇌운으로부터 대지에 직접 방전되는 경우에는 약 30～100억 볼트의 엄청난 전압이 발생한다는 결론이다. 또 뇌방전의 지속시간은 2～3μs의 순간적인 것이지만 전류는 수십만 암페어에 달할 만큼 엄청난 힘을 가지고 있다. 우리나라는 봄에서 가을 사이에 상층과 하층의 기온차이가 크고 일사가 강한 날에 하층공기가 가열되어 대기층이 매우 불안정하게 되는데, 이때 소나기구름(적난운)이 형성되면서 벼락이 발생한다. 우리나라 서해안 지방은 기단이 서해상을 통과하면서 많은 에너지를 공급받아 쉽게 형성된다.

그림 8-2 뇌운의 상상도

이와 같이 상상을 초월할 만큼 막중한 전기량을 보유하는 뇌이므로 다양한 피해를 인류에게 주는 것이다. 피해를 분류하면 다음과 같다.

① 사람 및 가축이 벼락을 맞아 죽는 경우(미국은 연간 약 160명 정도, 일본은 약 20명 정도가 벼락의 직격으로 사망하고 있다고 한다)

② 건물, 선박, 항공기 등에 낙뢰하여 파괴, 화재폭발 등으로 간접적으로 사람이 재난을 당하는 경우

③ 송전배선, 발변전소, 변전설비 등의 전기설비가 벼락으로 정전, 간접적으로 사람이 재해를 입는 경우(1977년의 뉴욕 대정전이 그 대표적인 예)

④ 기타 위험물의 탱크 같은 데에 낙뢰하여 그 설비의 불비 때문에 화재 폭발이 일어나 간접적으로 사람이 피해를 입는 경우

3.2 벼락 칠 때의 요령

(1) 집안일 때

① 샤워, 전화 통화, 조리 금지
② 전자제품의 전원플러그를 뽑아 둠
③ 창문이나 전등에서 멀리 떨어짐

(2) 마을 · 도시일 때

① 집안으로 대피
② 자동차 속으로 피함

(3) 벌판일 때

① 무릎을 꿇고 몸을 작게 웅크린다.
② 지면과의 접촉을 적게 한다.

(4) 야외일 때

① 금속성 물체에서 멀리 피한다(철망, 농기구, 자전거, 골프채, 낚싯대, 우산, 시계 등).
② 고지대에서 멀리 피한다(언덕의 정상, 지붕 꼭대기 등).
③ 호수, 강, 바닷가에서 멀리 피한다.
④ 원두막이나 홀로 우뚝 선 큰 나무는 피한다.
⑤ 기찻길에서 멀리 피한다.
⑥ 천막, 야외 연주무대, 간이탈의실에서 멀리 피한다.
⑦ 저지대, 동굴, 골짜기, 도랑 등으로 대피한다.
⑧ 우산을 쓰지 않는다.

3.3 피뢰설비 설치기준 및 방식

1) 피뢰설비의 설치기준

① 낙뢰의 우려가 있는 건축물 또는 높이 20 m 이상의 건축물

② 돌침은 건축물의 맨 윗부분에서 25 cm 이상 돌출시켜 설치하고 풍하중에 견딜 수 있는 구조일 것

③ 피뢰설비 재료는 동선의 경우 : 수뢰부 35 mm^2 이상, 인하도선 16 mm^2 이상, 접지극 50 mm^2 이상의 성능을 갖출 것

④ 인하도선 대용으로 사용하는 철골조의 철골구조물과 철근콘크리트조의 철근구조체는 전기적 연속성이 보장될 수 있도록 건축물 금속 구조체의 상단부와 하단부 사이의 전기저항이 0.2 Ω 이하가 되도록 할 것

⑤ 60 m를 넘는 건축물 등에는 지면에서 건축물 높이의 4/5 되는 지점부터 상단부까지 측면에 수뢰부 설치(높이 60 m를 넘는 부분 외부의 각 금속부재를 2개소 이상 전기적으로 접속)

⑥ 접지를 할 때 환경오염을 일으킬 수 있는 시공방법이나 화학 첨가물 등을 사용하지 아니할 것

⑦ 급수・급탕・난방・가스 등을 공급하기 위하여 건축물에 설치하는 금속배관 및 금속재 설비는 전위가 균등하게 이루어지도록 전기적으로 접속할 것

2) 피뢰설비의 방식

(1) 외부 뇌보호 시스템(External lightning protection system)

뇌격이 피(彼)보호범위 내로 침입할 확률은 수뢰부 시스템을 적절하게 설계함으로써 상당히 감소된다. 수뢰부 시스템은 다음의 요소들의 조합으로 구성된다.

① 돌침(Air terminal)

뇌격은 선단이 뾰족한 금속 도체 부분에 잘 떨어지므로 건축물 근방에 접근한 뇌격을 흡인하여 선단과 대지사이를 접속한 도체를 통해서 뇌격전류를 대지로 안전하게 방류하는 방식이다. 그림 8-3에 돌침의 보호각과 보호범위를 제시한다.

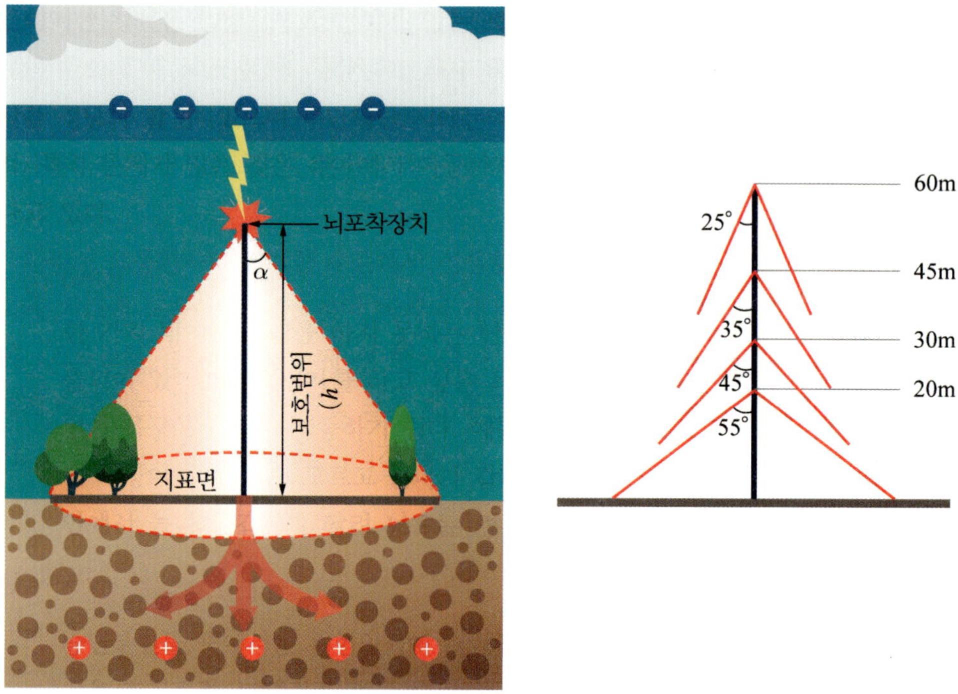

(a) 보호범위 (b) 돌침의 높이에 따른 보호각

그림 8-3 돌침의 보호각과 보호범위

② **수평도체(Catenary wires)**

이 방식은 보호하고자 하는 건축물의 상부에 수평도체를 가설하고 뇌격을 흡인하게 한 후 인하도선을 통해서 뇌격전류를 대지에 방류하는 방식이다. 이 방식의 대표적인 예로는 송전선의 가공지선을 들 수 있다. 수평도체의 보호각은 돌침의 보호각과 본질적인 차이는 없다. 수평도체를 가설하는 방식은 그림 8-4와

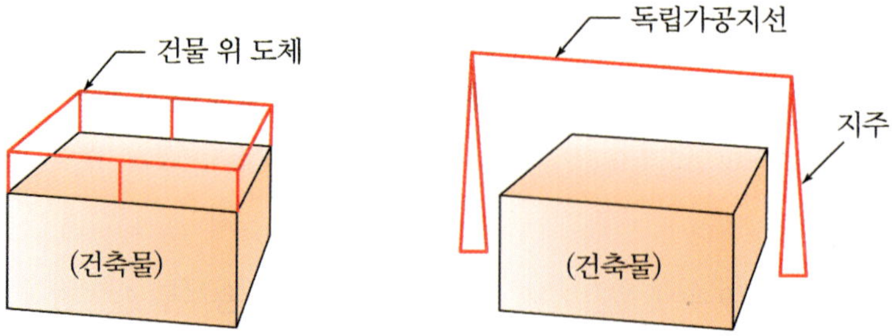

그림 8-4 수평도체 방식

같이 건물의 옥상에 약간의 거리를 두고 가설하는 방식과 건축물에 밀착해서 시설하는 방식이 있다.

③ **메시도체(Mesh conductors)**

그림 8-5와 같이 피(彼)보호물 주위를 적당한 간격과 그물눈을 가진 망상도체로 포위하는 방식을 말하며 완전한 피뢰방법에 속한다.

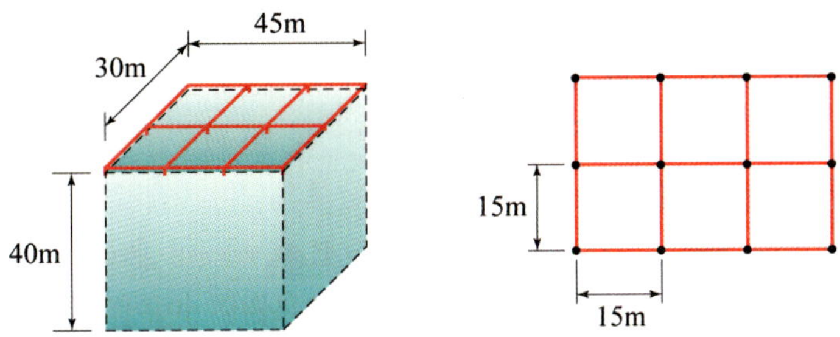

그림 8-5 메시도체 방식

3) 보호레벨 분류

보호레벨은 피(彼)보호물(건물내외)의 중요도에 따라 선택한다. 보호레벨은 뇌보호 시스템(LPS) 보호레벨 선정 기준에 의해 결정되고 KS C IEC 62305는 보호레벨을 일반 건축물의 경우는 보호레벨 IV, 특수 건축물의 경우에는 보호레벨 II 이상으로 하되 낙뢰빈도, 입지조건 및 중요도에 따라 보호레벨을 적용하도록 하고 있으며, 주변 여건이나 건축물의 위험도를 고려하여 상향 조정해야 한다. 건축물의 보호레벨 분류는 표 8-3과 같으며, 보호레벨에 대한 보호효율은 표 8-4에 제시하였다.

표 8-4 보호레벨에 대한 보호효율

보호등급	뇌보호 시스템의 효율(E)
I	0.98
II	0.95
III	0.90
IV	0.80

※ 뇌보호 시스템의 효율(E) ≥ (1 − 허용낙뢰빈도 / 연간뇌우일수)

표 8-3 건축물의 보호레벨 분류

보호레벨	건축물의 종류	건축물의 형태	뇌격의 영향
IV	일반 건축물	주택	• 전기설비의 파손, 화재 및 물질적인 손상 • 일반적으로 뇌격점이나 뇌격뢰에 노출된 물체에 한해 손상됨
		농장	• 화재의 일차적인 위험과 위험한 보폭전압 • 전력손실에 따른 이차적 위험, 정전 시 환기시스템이나 사료공급시스템의 고장으로 가축이 폐사될 위험
		극장, 학교, 백화점, 운동장	• 전기설비(조명 등)의 손상으로 혼란 발생 • 화재 경보설비의 고장으로 화재진압이 지연
		은행, 보험회사, 상업지구, 회사 등	• 위의 영향에 추가하여 통신 두절, 컴퓨터의 고장과 데이터의 손실
		병원, 요양원, 교도소	• 위의 영향에 추가하여 집중치료 중인 환자에게 불편을 주고 거동이 부자유스런 사람들의 구조 어려움
		제조사업장	• 제조물에 따라 추가 영향이 있으며 광범위한 피해와 생산 손실
		박물관과 유물전시	• 문화적인 유산의 복구 불가능한 손실
III	위험을 내포한 건축물	전신전화국, 발전소, 화재위험이 있는 사업장	• 공공 서비스의 손실 • 화재 등에 의해 인근주변에 피해를 줌
II	주변에 위험한 건축물	정유공장, 주유소, 화기 작업장, 군수 작업장	• 공장과 그 주변에 화재와 폭발이 피해를 줌
I	환경적으로 위험한 건축물	화학공장, 원자력 공장, 생화학 실험실과 공장	• 해당지역과 환경에 결정적인 피해를 가져올 공장의 화재나 운전정지

4) 접지시스템

위험한 과전압을 발생시키지 않고 뇌전류를 대지로 방류하기 위해서는 접지시스템의 형상과 크기가 접지저항의 규정값이 중요하다. 그러나 일반적으로는 낮은 접지저항을 권장한다. 뇌보호의 관점에서 구조체를 사용한 통합 단일의 접지시스템이 바람직하며, 모든 접지목적, 즉 뇌보호, 저압 전력시스템, 통신시스템에도 적합하다.

① 접지시스템의 목적

㉠ 뇌전류를 대지로 안전하게 유도한다.

㉡ 인하도선 간에 등(等)전위 본딩을 한다.

㉢ 도전성 건물의 전위를 제어한다.

5) 피뢰기(Lightning Arrester)

피뢰기(Lightning Arrester)는 뇌격에 의한 뇌 Surge 전압을 억압하여 기기의 절연 파괴를 방지하는 보안장치이다. 피뢰기는 그림 8-6과 같이 변압기의 선로측에 연결되고, 평상시는 조금도 전류를 흘리지 않으나 방전개시전압보다 높은 이상전압의 습격을 받으면 피뢰기는 이 전압을 대지로 방전하고 그 단자전압을 기기의 내전압 이하의 낮은 값으로 내린다.

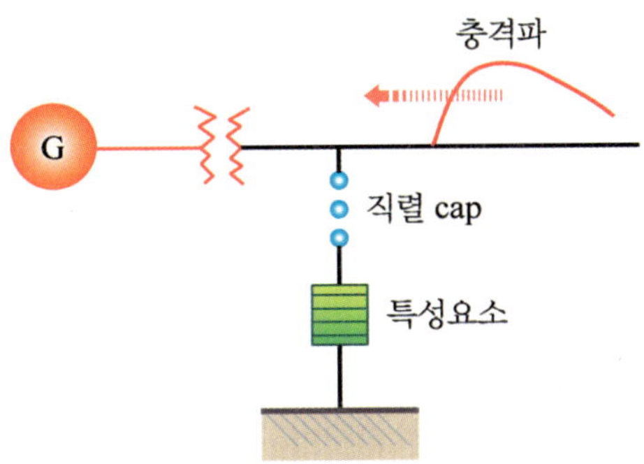

그림 8-6 피뢰기의 설치개소 및 동작모의 설명도

피뢰기가 방전을 개시할 때의 단자접압의 순시치를 방전개시전압, 방전 중의 단자전압의 파고치를 제한전압이라고 한다. 방전이 끝나고 전압이 정상상태로 복귀한 후는 신속히 피뢰기를 선로에서 차단하여야 한다. 즉, 평상시는 피뢰기에 교류전류가 흐르지 않도록 반드시 직렬캡을 삽입하여 놓고, Surge전압이 내습한 때에 한하여 직렬캡이 방전하여 피뢰기의 특성요소를 거쳐 방전시킨다. 그림 8-7은 피뢰기의 동작특성을 나타낸다.

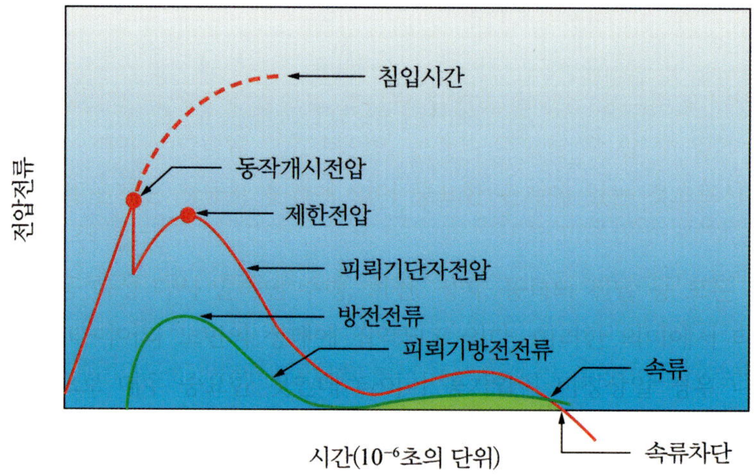

그림 8-7 피뢰기의 동작특성

또 피뢰기의 방전전류에 의한 접지저항강하가 있으면 이것에 제한전압을 가한 것이 피보호기기에 가해지므로 피뢰기의 접지저항은 충분히 낮게 하여야 하며, 접지저항은 10 Ω 이하로 하여야 한다. 가능하면 피보호기기의 접지와 피뢰기 접지점을 병렬로 접속하는 소우 연접접지로 하는 것이 이상적이다.

이상적인 피뢰기로서는 다음과 같은 성능을 가져야 한다.

① 방전개시전압이 낮을 것

뇌전압에 의해서 피뢰기가 동작하기 전에 피보호기기가 뇌해를 받는 일이 없도록 피뢰기의 방전개시전압은 피보호기기의 기준충격 절연레벨보다 충분히 낮은 수치여야 한다.

② 제한전압이 낮을 것

이 값은 피보호기기의 절연레벨보다 충분히 낮아야 안전하게 기기를 보호할 수 있다. 일반적으로 피뢰기 제한전압은 최소한 피보호기기기의 절연레벨의 80% 이하로 선정한다.

③ 뇌전류 방전능력이 클 것

보통 발생한다고 생각되는 이상 전압의 파고치를 충분히 저하시키는데, 이 충분한 크기의 뇌전류를 안전하게 땅에 흘릴 수 있을 만큼 방전능력을 가질 것

④ 속류 차단을 확실하게 할 수 있을 것

전원전압이 가해진 상태에서 낙뢰가 내습해서 피뢰기가 작동한 경우 뇌전류를 땅에 흘린 후 전원으로부터 계속해서 흐르려는 전류를 단시간에 안전하게 차단하고 접지상태가 되지 않도록 하는 성능을 가질 필요가 있다.

⑤ 반복동작이 가능할 것

방전, 속류차단의 반복동작을 오랜 기간의 사용에 견딜 수 있어야 한다.

⑥ 구조가 견고하고 특성이 변화하지 않을 것

대전류의 방전에 대해서 전기적 및 기계적으로 견고하고 또한 세월의 사용 중에 그 기능이 열화하지 않을 것

4. 정전기(靜電氣) 이론

4.1 정전기의 정의

정전기를 문자대로 정의를 내리면 "공간의 모든 장소에서 전하(電荷)의 이동이 전혀 없는 전기"라고 규정할 수 있다. 그러나 일반적으로 우리들의 주변에서 흔히 일어나는 정전현상(靜電現象)이나 정전기 응용실례, 정전기 장·재해에서는 필연적으로 전하의 미소한 이동, 즉 전류를 동반하고 있다.

이러한 사실에도 불구하고 정전기라는 단어를 사용하고 있는 이유는 다소(多少)의 전하 이동이 있더라도 그 전류로 인한 자계의 효과가 정전기가 보유하고 있는 자체의 전계효과에 비해 무시할 수 있을 정도로 작고, 정전기에 기인한 현상들이 거의 대부분 전계(電界)효과에 의해 지배를 받기 때문이다. 이러한 면을 고려하면 정전기의 구체적 정의는 "전하의 공간적 이동이 적고 그것에 의한 자계(磁界)의 효과가 전계에 비해 무시할 수 있는 만큼 적은 전기"라고 약간 확대하여 말할 수 있을 것이다.

4.2 정전기 발생구조

두 물체의 접촉으로 인한 정전기 발생의 과정은 그림 8-8과 같이 나타낼 수 있다. 즉, 두 물체의 접촉으로 인한 접촉면에서 전기이중층의 형성과 전기이중층의 분리에 의한 전위상승 및 분리된 전하소멸의 3단계로 나누어지며, 대전(帶電)현상은 이 3단계 과정이 연속적으로 일어날 때 발생한다.

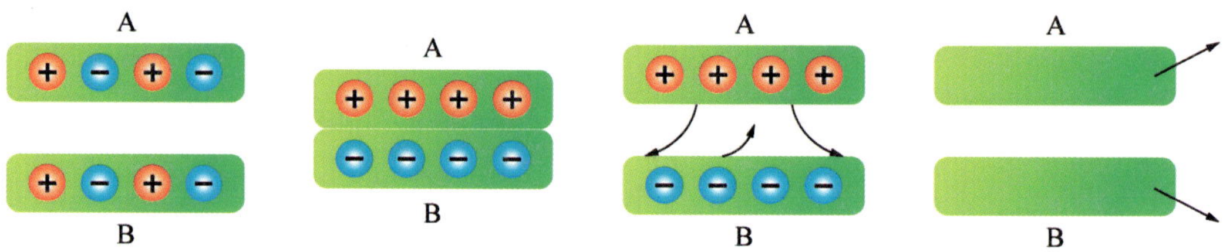

(a) 접촉 전 (b) 전기이중층 (c) 이중층의 분리 (d) 전하의 소멸

그림 8-8 접촉에 의한 정전기 발생과정

일반적으로 물체 내부에는 정(正) 또는 부(負)의 전하가 존재하지만 그 양이 서로 같으므로 총 전하량은 0이 되어 물체는 전기적으로 중성을 유지하고 있으나, 접촉전 물체의 표면근방에 존재하는 공기 중의 타 이온을 흡착할 수 있는 흡착층과 물체 중의 불순물 등으로 인한 각종 이온이 존재하고 있어 그로 인해 물체는 정(+) 또는 부(−)의 이온을 흡착하기 쉬운 성질을 가지게 된다.

이러한 성질에 의해 두 물체 A, B가 접촉할 때 물체 A가 정이온을, 물체 B가 부이온을 흡착하기 쉽다고 가정하면 물체 A가 더 많은 정이온을, 물체 B가 더 많은 부이온을 흡착하기 때문에 접촉면을 통하여 전하의 재분배가 행하여지고, 그 결과 그림 8-8의 (a)와 같이 전기이중층이 형성된다. 일반적으로 물체의 표면은 공기와의 사이에 흡착층이 존재하여 질량이 서로 다른 각종의 이온이 흡착되기 때문에 최종적인 평형 상태의 전기이중층이 형성되기 위해서는 시간이 필요하다.

표 8-5 고분자물질의 대전서열

⊕											○											⊖
유리	머리털	나이론	양모	레이온	비니론인견혼방	견포	아세테이트인견	오오론면혼방	펄프노지	고무	테릴런	비닐런	사린	다클론	카펫트	폴리에칠렌	카네칼론	셀루로이드	사진필름	셀로판	염화비닐	테프론

4.3 정전기 발생종류

1) 마찰에 의한 발생

두 물체의 마찰이나 마찰에 의한 접촉의치의 이동으로 전하의 분리 및 재배열이 일어나서 정전기가 발생하는 현상을 말하며 접촉과 분리의 과정을 거쳐 정전기가 발생하는 대표적인 예로써 고체, 액체류 또는 분체류에 의하여 발생하는 정전기는 주로 이러한 마찰에 기인한다.

Point

사례 : 풍선폭발로 인한 화상

수소가스를 넣은 2개의 풍선을 차 안에 싣고 귀가하던 중 교통신호에 걸려 사거리에 차를 정차한 순간, 갑자기 풍선이 폭발하여 일가족 3명이 화상을 입었다.

고무풍선과 좌석시트, 아이들 옷 사이에서 발생한 풍선의 마찰대전이 정차하였을 때 차체에 부딪혀 방전된 것으로 생각된다. 실험에 의하면 여러 개의 풍선을 비닐포대에 넣은 후 하나씩 끄집어 낼 경우 풍선이 30 kV 정도로 대전되는 것으로 나타났다.

2) 박리에 의한 발생

서로 밀착되어 있는 물체가 떨어질 때 전하의 분리가 일어나 정전기가 발생하는 형상을 말한다. 이것을 접촉면적, 접촉면의 밀착력, 박리속도 등에 의해 정전기 발생량이 변화하며 일반적으로 마찰에 의한 것보다 더 큰 정전기가 발생한다는 것이 여러 실험에 의해 알려져 있다. 박리대전의 상태는 그림 8-9와 같다.

그림 8-9 박리대전에 의한 정전기 발생

Point

사례 : 제지업체에서 발행한 화재

국내 B제지업체의 종이 제조를 위하여 초지기의 각종 롤러를 거친 종이 원단이 감긴 드라이어 주변의 종이분진에 화재가 발생하였다.

원인은 초지기의 종이 원단이 롤러를 거치면서 박리현상에 의하여 정전기가 약 7만 볼트 대전되고 드라이어주변의 건조한 종이분진이 자주 쌓이고 있는 상태에서 7만 볼트의 정전기가 방전되면서 착화된 것으로 판단되었으며, 대책으로는 롤러의 박리현상이 발생되는 분리 직후점에 제전기를 설치하여 각 단계마다 발생 정전기를 제거해야 한다.

3) 유동에 의한 대전

액체류가 파이프 등 내부에서 유동할 때 액체와 관벽 사이에 정전기가 발생한다.

그림 8-10과 같이 액체류가 파이프 등 고체와 접촉하면 액체류가 고체와의 경계면에 전기이중층이 형성되어 이 때 발생된 전하의 일부가 액체류와 함께 유동하기 때문에 정전기가 발생하는 현상으로서 정전기의 발생에 가장 크게 영향을 미치는 요인은

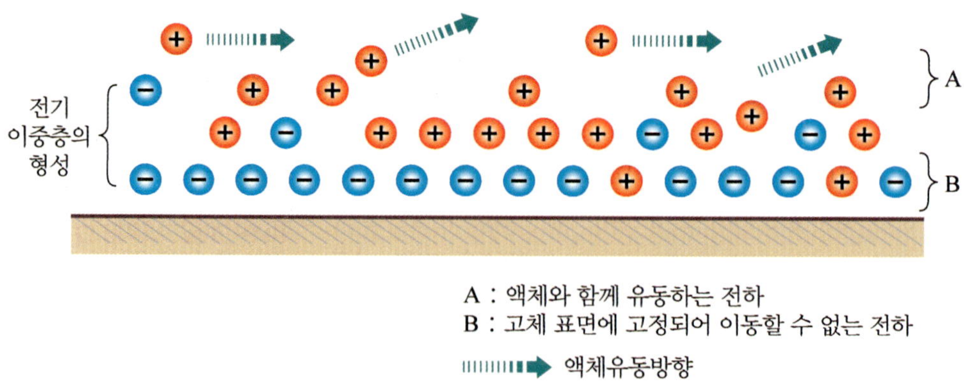

그림 8-10 액체류의 유동에 의한 정전기 발생

액체의 유동속도이나 또한 흐름의 상태(층류인가 난류인가)에도 관계가 있으므로 굴곡, 밸브, 유량계의 오리피스, 스트레이너 등의 형태와 수에도 관계가 깊고 또 파이프의 재질과도 관계가 있다.

Point

사례 : JP-4 적재중 탱크가 폭발

1974년 12월, 일본 B사의 안벽(岸壁)에서 H공항으로 운반할 제트 연료 JP-4를 탱크에 적재 중 폭발하여 선원 2명 사망, 2명 부상, 소방사 4명이 화상을 입었다. 소화전과 소방차 30여 대가 출동하였으나 탱크는 약 2시간 후에 침몰하였다.

이 탱크는 제트 연료 471 kL를 운반하기 위하여 적재작업을 시작하여 약 40 kL 적재하였을 때 폭발하였다. 사고원인은 적재배관의 일부에 직경 10 cm의 고무호스가 사용되었고, 적재배관은 설계상 최고 14 m/s로 되어 있는 것으로 보아 착화원은 대전액체가 탱크 등에 주입될 때 정전기 방전에 의한 화재로 생각된다.

4) 분출에 의한 발생

분체류, 액체류, 기체류가 단면적이 작은 분출구를 통해 공기 중으로 분출될 때 분출하는 물질과 분출구와의 마찰로 인해 정전기가 발생한다.

이 경우 분출되는 물질과 분출구를 구성하는 물질과의 직접적인 마찰에 의해서도 정전기가 발생하지만 실제로 더 큰 정전기를 발생시키는 요인은 분출되는 물질의 구성입자들간의 상호충돌이다. 유체가 분사할 때 순수한 가스 자체는 대전 현상을 나타내지 않지만 가스 내의 더스트, 미스트 등이 혼입하면 분출 시에 대전한다.

그림 8-11 스팀의 누설과 대전

Point

사례 : 인화성 액체 분출 노즐에서의 화재

울산의 A석유화학 플랜트에서 금속노즐과 배관 사이를 고무호스로 연결한 상태로 인화성 액체를 분출하다가 노즐 분사부부에서 화재가 발생하였는데, 원인은 금속노즐에서 액체 분출시 발생되는 정전기가 고무호스를 통해 누설되지 못하고 계속 축적되다가 어느 순간에 방전되면서 주위의 가연성 증기에 착화하여 화재가 발생한 것이다.

이에 대한 대책은 고무호스 속에 철선이 들어간 것을 이용하여 노즐과 배관을 고무호스 속의 철선으로 연결하여 정전기 누설통로를 만들어 주는 것이다.

5) 충돌에 의한 발생

분체류와 같은 입자상호간이나 입자와 고체와의 충돌에 의해 빠른 접촉, 분리에 따라 정전기가 발생하는 현상이다. 충돌에 의한 정전기 발생은 그림 8-12와 같다.

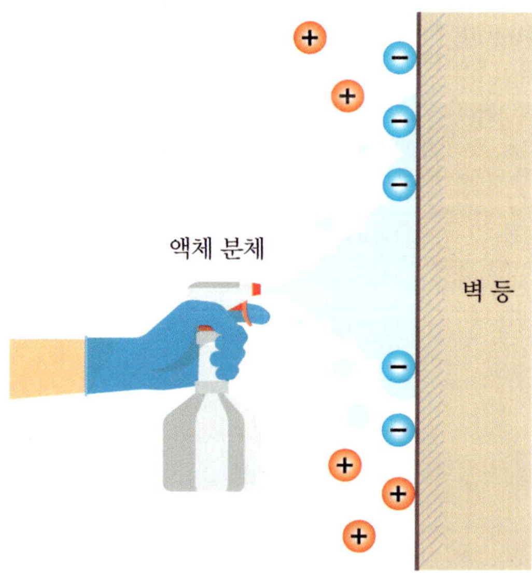

그림 8-12 액체·분체의 충돌에 의한 정전기 발생

6) 파괴에 의한 발생

고체나 분체류와 같은 물체가 파괴되었을 때 전하분리 또는 그림 8-13과 같이 정, 부전하의 균형이 깨지면서 정전기가 발생하는 현상을 말한다.

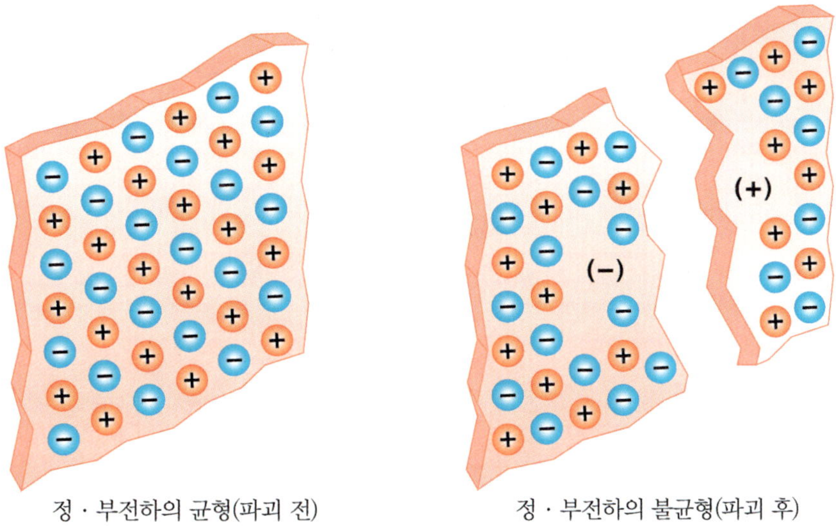

그림 8-13 분체류나 고체의 파괴에 의한 정전기 발생

7) 교반(진동)이나 침각에 의한 발생

액체가 교반될 때 대전한다. 탱크로리나 탱커는 수송 중에 대전하므로 접지하도록 규정하고 있다. 실험에 의하면 기름을 탱크에 넣어 진동시키면 그림 8-14와 같은 현상이 일어난다. 즉,

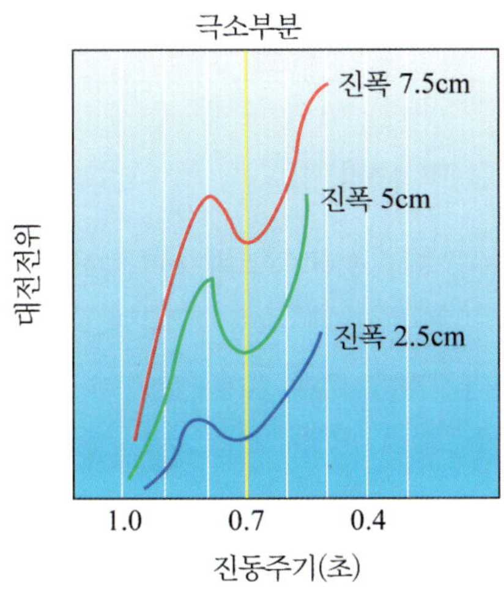

그림 8-14 진동대전

① 진동 주파수에 따라 대전전압에 극소값이 생긴다. 이것은 탱크내벽과 기름의 마찰에 의한 대전이라는 것으로는 설명이 되지 않는다.

② 이 극소부분을 제외하면 대전은 진폭이 커질수록 커지며 진동주기가 빨라질수록 커진다.

이 밖에 액체 내에 비중이 다른 액상물, 고체, 기포 등이 분산, 혼입되어 이것이 침강 또는 부상할 때 액체류와 경계면에서 전기 이중층이 형성되어 정전기가 발생한다.

5. 정전기 발생에 영향을 주는 요인

1) 물체의 특성

정전기 발생은 접촉 분리하는 두 가지 물체의 상호 특성에 의하여 지배되며 한 가지 물체만의 특성에는 전혀 영향을 받지 않는다.

일반적으로 대전량은 접촉이나 분리하는 두 가지 물체가 대전서열 내에서 가까운 위치에 있으면 적고 먼 위치에 있을수록 대전량이 큰 경향이 있다.

또한 물체가 불순물을 포함하고 있으면 이 불순물로 인해 정전기 발생량은 커지게 된다.

2) 물체의 표면 상태

물질의 표면상태는 정전기의 발생에 영향을 주어 일반적으로 표면이 원활하면 발생이 적어지게 된다. 또 물체 표면이 수분이나 기름 등에 의해 오염되었을 때에는 산화, 부식에 의해 정전기가 크게 발생한다.

3) 물질의 이력

정전기의 발생은 일반적으로 처음 접촉, 분리가 일어날 때 최대가 되며 이후 접촉,

분리가 반복됨에 따라 발생량도 점차 감소한다.

따라서 접촉, 분리가 처음으로 일어났을 때 재해발생 확률도 최대로 나타난다.

4) 접촉면적 및 압력

접촉면적은 정전기의 발생에 큰 영향을 주며, 이것이 클수록 발생량도 커지고, 또한 접촉압력이 증가하면 접촉면적도 증가하므로 결국 정전기의 발생량도 증가하게 된다.

5) 분리속도

분리과정에서 전하의 완화시간에 따라 정전기 발생량이 좌우되며, 전하완화시간이 길면 전하분리에 주는 에너지도 커져서 발생량이 증가한다. 또한 일반적으로 분리속도가 빠를수록 정전기의 발생량은 커지게 된다.

6. 정전기 발생 방지대책

1) 대전방지대책

① 접지(接地)

금속물체를 대지의 전위와 같게 최소로 하기 위해 접지극으로 동판을 매설하고 거기에 금속물체를 접속하는 대전방지책

※ 정전기는 접지저항 10,000 Ω 정도면 대지로 쉽게 빠져나간다.

② 본딩(Bonding)

금속물체를 전부 접지하기 곤란한 경우에 대전방지대상 도체와 누설저항이 낮은 도체(동선)를 이용하여 전기적으로 접속하는 방법

2) 인체의 대전방지(보호구 착용)

① 정전화 : 보통은 3종류로 분류

㉠ 보통 신발은 바닥저항이 $10^{12}\,\Omega$ 정도이며, 인체 대전한다.

㉡ 정전화는 바닥저항을 $10^{5} \sim 10^{8}\,\Omega$ 정도로 하고 있다.

㉢ 도전화는 $10^{5}\,\Omega$ 이하이다. 특별고압의 활선근접작업 또는 특고선 부근의 건설공사 때 정전유도에 의한 정격을 방지하기 위해서 사용한다.

3) 대전방지제 사용

① 고체의 경우

예컨대, 자동차의 타이어나 회전기계의 V벨트 또는 합성섬유 등의 재료를 처가 및 제품에 도포함으로써 대전을 방지하는 물질이 개발된다.

② 액체의 경우

㉠ 연료와 같이 첨가하여도 품질에 지장이 없는 것

㉡ 백등유의 저항률은 $10^{13}\,\Omega\,\text{cm}$ (도전율 10^{-11} S/m)인데, 첨가제를 3 ppm 첨가하면 $10^{10}\,\Omega\,\text{cm}$ 정도가 됨으로써 대전하지 않는 범위가 된다.

4) 가습

가습에 의해 공기의 상대습도를 높임으로써 물체표면의 흡습량이 증가하고 표면 저항률이 저하되어 물체의 도전성이 증가하고 대전이 어렵게 된다.

① 상대습도는 60～70%가 적당

② 가습방법은 수증기의 분무와 가습기 사용

5) 제전제 및 제전기 사용

Chap 9

연소와 화재

1. 연소와 화재
2. 소화
3. 위험물의 성상

1. 연소와 화재

1.1 연소(Combustion)

(1) 연소의 정의

다량의 열을 동반하는 발열화학반응으로서 반응에 의하여 발생하는 열에너지가 계속되는 현상으로 정의된다.

(2) 연소의 조건

가연성 물질과 적당한 온도의 점화원, 공기(산소), 여기에 한 가지를 더 첨가하면 연쇄반응을 들 수 있다.

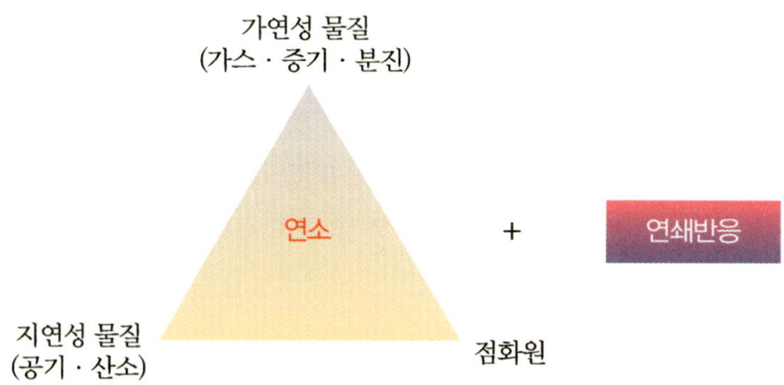

그림 9-1 위험삼각도(연소의 3각형 이론)

① 가연성 물질

㉠ 고체가연물 : 목재, 섬유, 종이류, 고무플라스틱 등

㉡ 액체가연물 : 휘발유, 등유, 경유 등

㉢ 기체가연물 : LPG, LNG

② 산소

㉠ 공기 : 공기 중에 산소는 21% 존재하며 나머지는 질소이다.
㉡ 산화제 : 제1류 위험물 및 제6류 위험물
㉢ 자기반응성물질 : 제5류 위험물

③ 점화원

가연물이 연소하는데 필요한 열의 한 형태
→ 열, 태양열, 충격, 마찰, 전기불꽃, 단열압축, 정전기 등

그림 9-2 점화원의 종류

1.2 인화점, 발화점과 연소범위

(1) 인화점(flash point)

액체 및 고체의 표면상에 화염이나 불꽃에 의해 발화가 가능한 가연성의 혼합가스가 형성되는 액체 및 고체의 최저온도로서 정의된다.

(2) 발화점(ignition point)

가연성물질을 공기나 산소 등에서 가열한 경우에 발화 또는 폭발을 일으키기 시작하는 최저온도를 말한다.

(3) 최소발화에너지

불꽃에 의해 가연성의 혼합가스를 발화시키는데 필요한 최소의 방전에너지를 말한다.

그림 9-3 가솔린의 인화점 및 발화점

(4) 연소한계(폭발한계)

이 한계는 가연성가스가 공기 또는 산소와 혼합하였을 때 불꽃이나 화염과 같은 작은 발화원에 의해 발화, 연소하는데 필요한 가스농도로 정의된다.

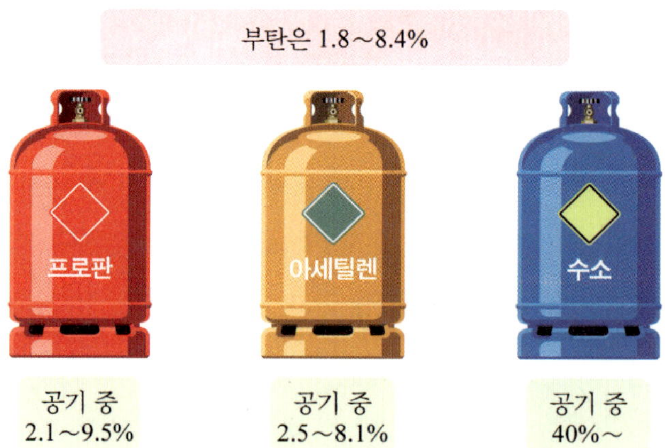

$$\text{위험도(H)} = \frac{\text{상한계(UEL)} - \text{하한계(LEL)}}{\text{하한계(LEL)}}$$

그림 9-4 연소범위

1.3 화재의 성장과 확산

(1) 화재의 정의

인명과 재산에 피해를 줄 우려가 있어 소화할 필요가 있는 연소현상

(2) 화재종류 및 적용소화기

분류 \ 구분	종류	소화기 표시색	소화효과
일반화재	A급	백색	냉각소화
유류화재	B급	황색	질식소화
전기화재	C급	청색	질식소화
금속화재	D급	무색	피복소화

(3) 화재의 확산

① 전도 : 열이 매개체를 통하여 직접 이동되는 현상

② 대류 : 유체의 일부가 가열되면 밀도 차에 의하여 유체의 흐름에 따라 열이 전달되는 현상

③ 복사 : 중간의 매개물 없이 전자파에 의하여 열이 이동되는 현상

1.4 연기와 피난

(1) 화재 시 유독가스에 의한 사망추세

주택구조나 생활수준의 선진화 때문에 유독가스 발생이 높은 물질사용으로 화재 시 사망자가 증가

그림 9-5 연기의 유해성

(2) 연기의 발생과 유독성

기체 속에서 완전연소 되지 않은 고체 및 액체의 미립자가 부유한 상태

① 유해성연기의 성분 : 일산화탄소, 탄산가스, 질산가스, 황산가스, 시안가스, 탄소 가루 등 혼합
② 행동자유 제한 : 시각장애, 방향감각상실, 의식불명 등
③ 일산화탄소가 1% 포함된 공기를 1~3분 정도 호흡하면 질식 사망

(3) 연기와 피난

화재 시 연기에 의하여 피난의 장애(시야장애)를 일으키며 심리적 불안감(패닉행동), 연기의 확산방향과 피난방향의 동일, 소화활동의 어려움이 있다.

(4) 화재 및 폭발대책

① 예방대책

화재·폭발이 발생하지 않도록 최초의 발화를 방지하는 대책

㉠ 위험성 물질의 관리
㉡ 발화원의 관리

위로 치솟는 속도는 1초에 3~5m　　옆으로 이동하는 속도는 1초에 1m

그림 9-6 화재 시 연기가 이동하는 속도

② 국한대책

화재·폭발이 발생하였을 때 될 수 있는 대로 피해를 적게 하는 대책

㉠ 안전장치
㉡ 가연물의 집적방지
㉢ 공한지의 보유
㉣ 방화벽, 방폭벽 등의 정비
㉤ 건물설비의 불연화
㉥ 위험물 시설 등의 지하매설

③ 소화대책

초기에 소화하는 것이 가장 효과적인 방법 → 소화기 등

④ 피난대책

평소 피난구역 지정 및 대피훈련을 실시하고 피난기구와 설비 설치

2. 소화

2.1 소화원리

연소의 3요소, 즉 가연물, 산화제 및 열원 중에서 어느 하나를 제거시키는 것

2.2 소화방법

(1) 질식소화

① 개요

산소공급원을 차단하여 소화하는 방법

② 방법

㉠ 불연성기체에 의한 법

㉡ 불연성액체(포)에 의한 법

㉢ 소화분말로 연소물을 덮는 법

(2) 희석소화

① 개요

연소반응의 계 내의 가연물이나 산화제의 농도를 낮추어서 이들 사이의 반응을 억제시키는 방법

② 방법

㉠ 액체에 의한 희석소화

㉡ 강풍에 의한 희석소화

(a) 질식소화 (b) 희석소화

(c) 냉각소화 (d) 제거소화

그림 9-7 소화의 종류

(3) 연소억제에 의한 소화

연쇄반응을 차단하는 방법으로서 할로겐화합물(염소, 브롬 등), 분말 소화약제 등이 있다.

(4) 냉각소화

가연물을 발화온도 이하로 냉각시켜서 소화하는 방법

(5) 제거소화

① 개요

가연성 물질을 없애 줌으로써 소화하는 방법

② 방법

㉠ LPG가스 등 기체연료 분출화재 시 밸브를 닫아 분출 중지 등
㉡ 강풍에 의한 가연물을 제거
㉢ 가연성 가스의 발생을 감소
㉣ 가연물을 직접 제거하거나 파괴

2.3 소화에 필요한 일반적인 사항

(1) 소화기 사용방법

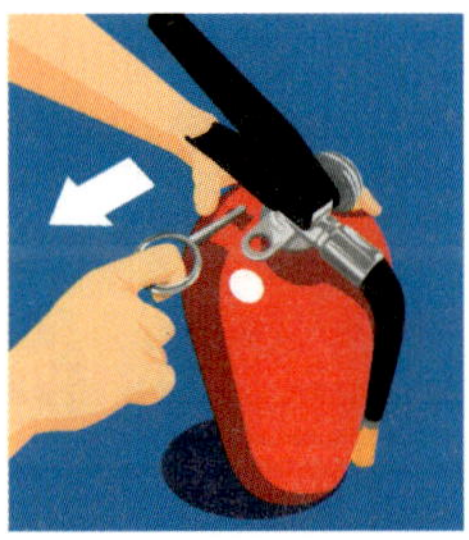

① 안전핀을 뽑는다.

② 손잡이를 움켜쥔다.

③ 노즐을 잡고 불쪽으로 향한다.

④ 바람을 등지고 분사한다.

그림 9-8 소화기 사용활동

(2) 응급구호활동

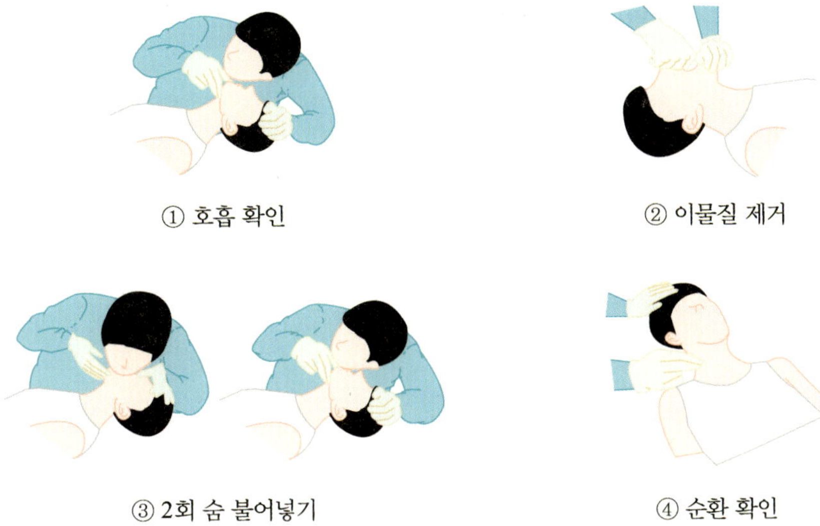

그림 9-9 응급처치요령

(3) 피난활동

그림 9-10 피난요령

(4) 자동소화설비 작동 및 작동 시 행동요령

그림 9-11 화재 발생 시 행동요령

(5) 옥내소화전 사용활동

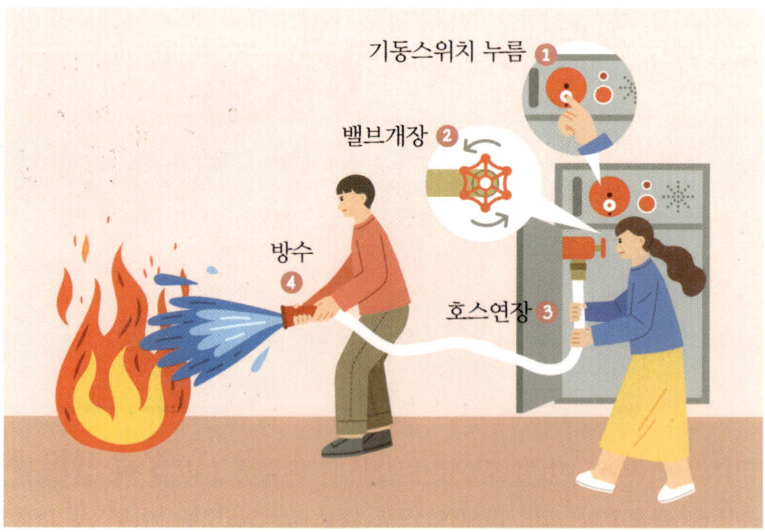

그림 9-12 옥내소화전 활동

3. 위험물의 성상

3.1 위험물의 정의

(1) 광의의 의미에서 위험물이란?

인체에게 위해를 가져다주는 물질

(2) 협의의 의미에서 위험물이란?

소방법에서 정하는 인화성 또는 발화성 물질

3.2 화재의 위험성

(1) 자연발화

① 공기 중에서 산화되어 자연발화
② 수분에 의해 발화하여 자연발화
③ 분해 시 발열하여 자연발화
④ 혼합하여 발열되어 자연발화

(2) 인화

① 저온과 작은 불꽃으로도 인화
② 수분과 반응하여 인화성증기를 발생
③ 혼합접촉에 의한 인화성증기를 발생

(3) 발화

① 낮은 온도로도 발화
② 충격 · 마찰에 의해서 발화
③ 혼합 · 접촉에 의해서 발화
④ 가열에 의해서 발화

3.3 가스

(1) 가스종류

① LPG

액화가스는 가스통으로 공급받는 가스이며, 프로판과 부탄이 주성분이고 공기보다 무거워서 누출 시 바닥 쪽에 고인다.

② LNG

액화천연가스는 주로 수도권 및 충청권 지역 일부의 도시가스로 사용되며, 주성분은 메탄으로 공기보다 가벼워 누출시 천장 쪽으로 올라간다.

③ 도시가스

도시가스란 배관을 통해 공급받는 모든 가스를 지칭하는 말로서 사용가스는 지역마다 달라 수도권 및 충청권 지역 일부는 가벼운 LNG, 나머지 지역은 공기가 혼합된 LPG를 공급받고 있다.

(2) 가스안전 4원칙

① 사용 전

가스냄새가 나지 않는지 살펴보고 창문을 열어 환기를 시킨다.

② 사용 중

점화를 할 때는 확실히 불이 붙었는지 살펴본다. 점화되지 않은 채 코크를 계속 열어두면 가스가 새어 위험하다.

③ 사용 후

점화코크와 중간밸브를 함께 잠근다. 장기간 집을 비워둘 때는 용기밸브(LPG)나 메인벨브(도시가스)까지 잠가야 안전하다.

④ 평상시

㉠ 코크와 호스, 호스와 연소기 등의 이음새 부분과 호스에서 가스가 새지 않는지 비눗물이나 점검액 등으로 수시로 점검해야 한다.

㉡ 연결호스는 3 m를 넘지 않게 하되 넘을 때는 금속배관을 사용토록 한다. 이때 연결부위는 반드시 밴드로 꼭 조인다.

(3) 사용기구 점검

① 가스레인지

㉠ 연소구 불구멍이 막히지 않도록 한다.

㉡ 불구멍이 막히면 붉은 불꽃이 일어나거나 불꽃이 길어져 위험하므로 항상 주의해야 한다.

㉢ 사용 후 버너헤드를 들어내어 솔로 문질러 청소해야 한다.

㉣ 한 곳에 고정하여 사용한다.

② 가스오븐렌지

조리 후 오븐이 식었을 때 문유리 및 내부를 밖에서 볼 수 있도록 청결히 한다.

③ 가스온풍기

공기필터를 떼어내 전기청소기 등으로 청소하여 효율성을 높여 준다.

④ 가스난로

㉠ 세라믹 버너에 먼지 등이 붙으면 완전연소가 안 된다.

㉡ 세라믹 버너의 먼지를 솔로 깨끗이 털어낸다.

⑤ 가스보일러

㉠ 배기통의 이물질, 손상된 곳을 확인 제거한다.

㉡ 드레인 밸브를 열어 난방수가 깨끗한지 살펴본다.

㉢ 환기구멍이 통풍이 잘되는지 확인한다.

㉣ 연소상태 이상, 과열, 소음, 진동, 냄새가 날 때는 즉시 보일러 가동을 중단하고 가스를 잠근 후 전문가를 부른다.

㉤ 기름보일러를 가스보일러로 개조해서 사용하면 절대 안 된다.

(4) 가스가 샐 때

① 마늘 썩는 냄새가 난다.

원래 가스에는 냄새가 없지만 사고예방을 위해 냄새나는 물질을 섞어 놓았다.

② 침착하게 밸브를 잠근다.

최대한 빨리 점화코크, 중간밸브, 용기밸브 혹은 메인벨브를 잠근다.

③ 자연환기

㉠ 창, 출입문 등을 모두 열고 환기하면서 비, 방석, 부채 등으로 가스를 쓸어낸다.

㉡ 이때 환기팬 회전, 전기코드를 뺀다든지, 선풍기를 사용하면 전기스파크에 의해 폭발할 우려가 있으므로 전기용품에 손대지 말아야 한다.

④ 가스공급소에 연락

판매소나 도시가스 관리대행업소에 연락하여 점검을 받아본 후 사용한다.

(5) 계절별 주의

① 봄

㉠ 배관과 호스 연결부분에 이완이 없는지 확인한다.

㉡ 이사할 때는 전문시공업자에게 맡긴다.

② 여름

㉠ 장마철에는 물에 잠기지 않도록 한다.

㉡ 혹서기에는 LP가스 용기는 직사광선을 피하도록 한다.

③ 가을

㉠ 장기간 집을 비울 때는 중간밸브, 용기밸브를 모두 잠근다.

㉡ 휴대용 가스레인지를 안전하게 사용하고 빈 용기를 함부로 버려서는 안 된다.

④ 겨울

밀폐된 실내에서 가스용품을 사용할 때에는 환기를 자주 시킨다.

Point

영국 IOSH,화학물질사고 최소화 위한 6단계 지침 발표

최근 영국 산업안전보건협회(IOSH)는 제조 및 생산 과정에서 유해한 화학물질을 사용하다가 발생할 수 있는 화학물질사고를 예방하기 위한 지침을 발표했다. 6단계로 이루어진 사고 최소화 지침에는 간단하지만 가장 효과적으로 화학물질사고를 예방할 수 있는 방안이 담겨있다. 이번 지침을 공개하며 영국 IOSH의 한 관계자는"근로환경이나 근로조건, 과정의 광범위한 검토와 함께 유해위험화학물질에 대한 검토 역시 반드시 이루어져야한다"고 주장했다.
IOSH가 발표한 6단계 지침의 주요 내용은 다음과 같다.

- 1단계 - 유해화학물질 사용 금지
  가능하면 제조 공정에서 유해한 화학물질의 사용을 근본적으로 없애는 것이 화학물질사고를 예방할 수 있는 최적의 방법이다.
- 2단계 - 덜 위험한 물질로 갈아타라
  유해한 화학물질의 사용을 완전히 금지할 수 없다면 그보다 좀 덜 위험한 물질로 대체해야 한다.
- 3단계 - 전문가의 의견에 귀를 기울여라
  화학물질 대체를 계획하고 있는 회사는 의사결정과정의 일환으로 반드시 전문가 및 관리자와 상의를 해야 한다. 그래야 보다 안전한 물질을 효과적으로 찾을 수 있다
- 4단계 - 별도의 작업공간을 마련하라
  유해한 화학물질에 대한 대체가 불가능 할 경우에는 따로 떨어진 장소에서만 작업이 가능하도록 조치를 취해야 한다.
- 5단계 - 근로자에 대한 철저한 안전교육은 필수
  유해화학물질에 노출되거나 유해화학물질을 가지고 작업하는 근로자에게는 반드시 그 물질을 안전하게 다루는 방법에 대하여 교육을 시키고, 해당 물질의 사용으로 인해 일어날 수 있는 위험성을 숙지하도록 해야 한다.
- 6단계 - 보호구 착용은 기본
  화학물질의 악영향으로부터 근로자를 보호할 수 있는 개인보호구(보호장갑, 보안경, 송기마스크 등)를 지급하고 이를 철저히 착용할 수 있도록 해야 한다.

Chap 10

보호구

1. 보호구는 왜 착용하여야 하는가?
2. 보호구 사용 시의 마음의 자세
3. 산업안전보건법령상 근로자의 의무
4. 안전표지

1. 보호구는 왜 착용하여야 하는가?

우리 산업현장에서 가스, 분진, 소음 등 각종 유해요인과 추락, 낙하, 비래, 충돌, 전기감전 등 위험요인이 존재하고 있다. 그러므로 작업자를 보호하기 위해 작업환경과 작업방법을 개선하는 등 근본적인 안전대책을 강구해야 하지만, 이들 안전대책이 불가능하거나 불충분할 경우에 대비해 그 보조수단으로 개인보호구를 착용해야 하는 것이다.

따라서, 보호구에 완전히 의존하여 기계기구 설비의 보완이나 작업환경개선을 소홀히 해서는 안 되며, 보호구는 어디까지나 유해·위험요인을 근본적으로 제거하려는 노력을 계속하면서 보조수단으로 착용함을 원칙으로 생각해야 한다.

또한 보호구가 아무리 좋은 것이라 하여도 작업조건이나 작업환경에 적합한 보호구를 잘 선택하고 착용을 철저히 하지 않으면 그 효과를 기대할 수 없으므로 보호구의 올바른 선택과 착용방법, 관리요령 등에 대한 교육이 꼭 필요하다.

1.1 보호구의 종류

1) 검정 대상 보호구

① 머리보호구 : AB형 안전모, AE형 안전모, ABE형 안전모

② 눈 보호구 : 차광 보안경, 유리 보안경, 플라스틱 보안경, 도수렌즈 보안경

③ 얼굴 보호구 : 용접용 보안면, 일반용 보안면

④ 귀 보호구 : 귀마개, 귀덮개

⑤ 호흡용 보호구

㉠ 방지 마스크 : 격리식(전면형, 반면형), 직결식(전면형, 반면형), 안면부 여과식 마스크

㉡ 방독마스크(격리식, 직결식, 직결식 소형) : 유기가스용, 할로겐가스용, 일산화탄소용, 암모니아용, 아황산가스용, 아황산황용

ⓒ 송기마스크 : 호스 마스크, 에어라인 마스크, 복합식 에어라인 마스크

⑥ 손 보호구 : 안전장갑(A종, B종, C종)

⑦ 발 보호구

㉠ 가죽제 안전화, 고무제 안전화, 정전기 안전화

㉡ 발등 안전화, 절연화, 절연장화

⑧ 안전대

㉠ 벨트식 : 1종, 2종, 3종, 안전블록, 추락방지대

㉡ 안전그네식 : 1종, 2종, 3종, 안전블록, 추락방지대

⑨ 방열복 : 방열상의, 방열하의, 방열일체복, 방열장갑, 방열두건

⑩ 검정 비 대상 보호구

⑪ 손보호구 : 일반작업용 면장갑, 일반작업용 고무코팅장갑, 금속메시 고무장갑, 산업위생용 보호장갑

⑫ 호흡용 보호구 : 산소마스크, 공기호흡기

⑬ 기타 : 앞치마, 각반, 말림방지용 작업모 및 작업두건, 방진장갑

1.2 보호구 선택 시 주의사항

① 사용목적에 적합해야 한다.

② 품질이 좋아야 한다.

③ 쓰기 쉽고, 손질하기 쉬워야 한다.

④ 사용자에게 잘 맞아야 한다.

1.3 보호구의 구비조건과 보관방법

1) 보호구의 구비조건

① 착용이 간편할 것

② 작업에 방해가 안 될 것

③ 위험 유해요소에 대한 방호성능이 충분할 것
④ 재료의 품질이 양호할 것
⑤ 구조와 끝마무리가 양호할 것
⑥ 외양과 외관이 양호할 것

2) 보호구의 올바른 보관방법

보호구는 언제든지 사용할 수 있는 상태로 손질하여 놓아야 한다. 그러기 위해서는 다음과 같은 점에 주의해서 정기적으로 점검·관리 보관한다.

① 적어도 한 달에 한 번 이상 책임 있는 감독자가 점검을 할 것
② 청결하고 습기가 없는 장소에 보관할 것
③ 보호구 사용 후에는 손질하여 항상 깨끗이 보관할 것
④ 세척한 후에는 완전히 건조시켜 보관할 것

1.4 보호구와 재해발생관계

1) 머리보호구

머리의 재해는 전체재해의 13% 정도이고, 사망에 이른 경우도 36%에 달하여 안전모의 착용은 생명과 직결된다고 할 수 있다.

2) 눈 보호구

날아오는 물체로부터 눈을 보호하고 위험물, 유해광선에 의한 시력 장해를 방지하기 위해 사용한다. 재해 중 눈이 차지하는 비율이 그리 높은 편은 아니지만 뜻하지 않게 또는 자칫 실수로 영구적 실명이 되는 경우가 있어 보안경의 올바른 사용은 매우 중요하다.

3) 얼굴 보호구

강렬한 유해광선으로부터 눈을 보호하고, 용접 시 불꽃 또는 파편에 의한 화상으로부터 얼굴, 머리 혹은 목을 보호한다.

4) 귀 보호구

소음이 발생하는 작업장에서 작업자의 청력을 보호하기 위해 사용한다. 작업장의 소음은 작업능률 저하, 장기간 근로시의 귀의 울림이 멎지 않는 직업병에 걸리거나 더 심하면 아무것도 듣지 못할 정도로 청력에 손상을 입히기도 한다. 소음의 허용기준은 8시간 작업 시 90 dB이고, 그 이상의 소음작업장에서 오래 근무하면 소음성 난청이 오므로 반드시 귀마개나 귀덮개를 착용해야 한다.

5) 호흡용 보호구

산소결핍작업, 분진 및 유독가스 발생 작업 시 신선한 공기의 공급 또는 여과를 통하여 호흡기를 보호한다.

6) 손 보호구

고열이나 전기를 띤 물체, 화학약품, 무겁고 날카로운 물체 등에 의한 절상이나 타박상, 화상, 감전 등의 위험으로부터 손을 보호하기 위해 손 보호구를 착용한다. 산업재해 중 손이 10%, 손가락이 40%로 손 부위가 전체 상해의 절반이 넘고, 좀처럼 그 비율도 줄어들지 않고 있으므로 각별한 주의가 필요하다.

7) 발 보호구

물체의 낙하, 충격 또는 날카로운 물체로 인한 위험이나 화학약품 등으로부터 발을 보호하거나 감전 또는 정전기의 인체대전을 방지하기 위해 사용한다.

8) 안전대

작업자가 추락하는 것을 방지해주고 추락 시 인체에 가해지는 충격을 완화시켜 주는 보호구로서 지난 해 건설업에서만 800여 명이 사망하였는데 이는 산업재해 사망자 중 30%가 훨씬 넘는 수치로서 이 중 많은 부분이 추락사고이므로 추락방지를 위해 착용하는 안전대는 작업자의 생명줄이나 마찬가지이다.

2. 보호구 사용 시의 마음의 자세

① 보호구를 사용하도록 되어 있는 작업에서는 반드시 사용한다.
② 보호구는 완전품을 바르고 확실하게 사용한다.
③ 보호구 사용에 익숙해져야 한다.
④ 보호구의 기능이 상실되거나 좋지 않으면 상사에게 보고한다.
⑤ 보호구는 항상 깨끗하게 하고, 남의 것을 사용해서는 안 된다.

3. 산업안전보건법령상 근로자의 의무

산업안전보건법령이 근로자에게 보호구의 사용을 의무하고 있는 경우는 다음과 같다.

① 가공물이나 절삭물이 낙하하는 작업장, 전로의 활선작업, 용광로 등의 작업, 특정화학물질의 제조, 취급작업 등에는 보호구를 사용하지 않고는 작업에 임하지 못하도록 하고 있다.
② 작업모(안전모) 착용 : 동력자동기계작업, 노천굴착작업
③ 보호장갑 착용 : 사알킬연 작업 시, 가연가솔린 작업 시

④ 안전화 착용 : 갱내 통로 작업 시, 사알킬연 작업 시
⑤ 보호의 착용 : 특정화학물질과 연업무 작업 시

4. 안전표지

안전・보건표지(이하 「안전표지」라 한다)란 생산현장에서 근로자의 안전 및 보건을 확보하기 위하여 위험장소 또는 위험물질에 대한 경고, 비상시에 대처하기 위한 지시 또는 안내 기타 근로자의 안전・보건의식을 고취하기 위한 사항 등을 그림・기호 및 글자 등으로 표시하여 근로자의 판단이나 행동에 의한 착오로 인하여 산업재해를 일으킬 우려가 있는 작업장의 특정장소・시설 또는 물체에 설치 또는 부착하는 표지를 말한다.

이들의 표지에는 사용하는 목적에 따라서 다음 4가지 종류로 나누고 있다.

① 금지표지
② 경고표지
③ 지시표지
④ 안내표지

4.1 표지란 무엇인가

안전표지란 작업안전을 위하여 일정한 색깔, 기호, 문자 등으로 금지, 경고, 지시, 안내 등을 나타낸 표지판으로 일종의 안전 명령이다.

작업현장에는 많은 기계기구와 설비 그리고 위험・유해물질이 있으며, 이들의 물질은 일정한 절차에 의하여 지정된 작업담당자 이외에 취급하여서는 안 된다. 그러나 인간은 완전한 존재가 아니므로 누구든지 실수를 범할 수 있으며, 작업감독자도 없는 상태에서 작업을 하거나 작업 중 현장을 이탈하는 경우, 다른 사람이 접근하여 사고를 일으킬 위험이 있으므로 이들 작업자나 주위의 모든 사람에게 알림으로써 사고를 미리 예방하기 위한 안전조치라고 할 수 있다.

4.2 안전표지의 구분

산업안전보건법에서 규정하는 안전표지는 크게 나누어서 금지표지, 경고표지, 지시표지, 안내표지 등 4가지로 구분되어 있으며 색깔과 모양에서 쉽게 구분할 수 있도록 규정되어 있다(그림 10-1 참조).

그림 10-1 안전표지

1) 금지표지

금지표지는 적색 원형 내 특정한 행동을 금지시키고 있다. 금지표지의 종류는 총 8종으로 되어 있으며 그 내용은 다음과 같다.

① 출입금지
② 보행금지
③ 차량통행금지
④ 사용금지
⑤ 탑승금지
⑥ 금연
⑦ 화기금지
⑧ 물체이동금지

이상의 8가지 금지표지는 금지명령이기도 하다. 이 표지의 명령위반으로 발생하는 사고의 강도는 매우 높기 때문에 표지의 명령에 철저한 이행을 요한다.

2) 경고표지

이 표지는 흑색 삼각형에 경고 내용을 표시하는 황색표지로서 총 15장의 내용이 있으며 표지명은 다음과 같다.

① 인화성물질 경고
② 산화성물질 경고
③ 폭발물 경고
④ 독극물 경고
⑤ 부식성물질 경고
⑥ 방사성물질 경고
⑦ 고압전기 경고
⑧ 매달린 물체 경고
⑨ 낙하물 경고
⑩ 고온 경고
⑪ 저온 경고
⑫ 몸균형상실 경고
⑬ 레이저광선 경고
⑭ 유해물질 경고
⑮ 위험장소 경고

3) 지시표지

이 표지는 청색 원형바탕에 백색으로 보호구사용을 지시하는 총 9종으로 되어있는 안전지시표지이다. 그 종류는 다음과 같다.

① 보안경착용
⑥ 귀마개착용

② 방독마스크착용
③ 방진마스크착용
④ 보안면착용
⑤ 안전모착용
⑦ 안전화착용
⑧ 안전장갑착용
⑨ 안전복착용

4) 안내표지

이 표지는 녹색바탕에 백색으로 안내대상을 지시하는 총 7종으로 되어있다. 그 내용은 다음과 같다.

① 녹십자
② 응급구호
③ 들 것
④ 세안장치
⑤ 비상구
⑥ 좌측비상구
⑦ 우측비상구

이 표지는 작업장의 공통적으로 해당되는 안전관리상의 일반적인 안내표지이다.

이상 4가지의 안전보건표지들은 인적인 불안전행동을 시각적인 자극에 의해서 최대한으로 보완하여 예방하고자 하는데 있는 것이다.

Chap 11
유해성 물질

1. 유해성 물질

여러 가지 물질 중에 인간 및 동물의 건강을 해치거나 또는 식물의 성장에 나쁜 영향을 주는 물질을 넓은 의미에서 유해성 물질(Hazardous Materials)이라고 한다.

다만 이들의 물질을 취급하는 입장에서 유해물질과 무해물질로 분류하는 것을 행하고 있지만 이들 양자 간에 일률적으로 명확한 선을 긋는 것은 도저히 될 수 있는 일이 아닌 것 같다. 왜냐하면 모든 물질에는 유해와 무해의 양면이 있고, 그 차이는 정도의 문제라고 생각하는 것이 마땅하기 때문이다. 무해하다고 말할 수 있는 물질에도 양이 많은 경우에는 엄밀히 무해하다고 말할 수 없는 경우도 있고, 극히 유해한 물질에도 취급 방법에 따라 어떤 해로운 작용도 일어나지 않든가, 때로는 질병에 대하여 특효작용을 갖는 것이 있다.

따라서, 현재 화학공업에서 취급하고 있는 물질 중에서 허용농도를 정하고 있는 가스 및 증기의 약 200종, 부유분진의 약 100종 정도의 물질에 대한 유해성을 밝혀내고 있는데, 여기에서 이를 중심으로 하여 이의 유해성 요인과 인체에의 생리작용 및 유해성 등에 대하여 다루어 보고자 한다.

1.1 유해성 요인

물질의 유해 위험성은 그 물질과 사람과의 관계에서 고려하여야만 한다. 그리고 이 경우 물질 자신이 갖고 있는 물리화학적 성질, 개인차, 사람과의 관계의 3가지 요인을 생각할 수 있다.

1) 물질의 특성

물질 자신의 물리적, 화학적 제 성질은 유해 위험성에 밀접한 관계가 있다. 즉 융점, 비점, 증기압, 밀도 등으로 나타내어지는 물리적인 성질은 인간이 그 물질에 접촉하거나 흡입하였을 때 피부 및 점막에 자극을 주는 지의 여부를 정하는 하나의 특성이다. 그리고 물이나 지방질에 대한 용해성, 용해속도 등은 흡입하거나 피부 및 점막에 부착하였을 때의 체내로의 흡수의 용이성을 정하는 하나의 척도이다. 예를 들면, 비점이 낮고 휘발도가 높으며 물에 잘 녹는 물질이 호흡에 의해 폐에 침입하였을 때의 유해작용은 상온에서 물에 녹기 어려운 물질에 비하여 큰 것이 보통이다.

2) 개인차

동일한 유해성 물질을 같은 양으로 섭취하여도 이에 의해 일어나는 반응은 개인에 따라 상당한 차이가 있는 것이 보통이다. 예를 들면, 유기용제의 증기를 흡입한 경우, 폐포(肺胞)로부터 혈액 중에 침입하는 양과 속도는 호흡, 혈액 순환량 및 폐포막의 성질 등에 따라 다르고, 혈액 중에 들어간 유기용제의 분자가 대사기구(代謝機構)에 의해 분해되고 혹은 무해화(無害化) 되었을 때 산소 분포와 활성에 대하여서도 개인차(나이, 성별, 영양상태, 병력, 유전적 부하 등을 포함)가 있다. 따라서, 어떠한 사람이 어떠한 유해물을 체내에 흡수하느냐에 따라 그 반응이 나타나는 방식에는 어느 정도의 차이가 생긴다.

3) 사람과 유해물의 관계

「어떠한 사람이 어떠한 유해물을 어떠한 상태로 흡수하였는가」가 중요한 요인이다. 즉, 체내로의 침입 경로, 폭로시간, 폭로농도 등에 따라 유해위험성은 양적으로도 질적으로도 변동한다.

일반적으로 유해성 물질 고농도 증기를 흡입하면 그 종류에 의한 차이가 적게 되어 중추신경계에 대한 영향이 우선하여 소위 마취작용을 보여주는 경우가 많다. 물론, 이 마취작용과 더불어 그 유해물 특유의 독작용이 보이게 된다. 그러나 농도가 낮은 경우에서의 반복・폭로에서는 마취작용보다도 그 유해물 특유의 독작용이 먼저 나타나는 경우가 많다.

그리고 생체의 유해물에 대한 해독작용은 농도에 따라 반드시 같지는 않고, 고농도 1회와 저농도 반복폭로에서는 비록 체내에 침입한 유해물의 양이 같을지라도 그 영향은 전혀 다른 것이 보통이다. 따라서, 새로운 물질을 공업적으로 사용하거나 또는 합성하는 경우에는 특히 그 유해성에 대한 검토가 필요한 것이다. 예를 들면, 화학구조가 유사한 것은 그 생물학적 작용이 유사한 것도 많고(예 : nitroglycerin과 nitroglycol), 그렇지 않은 경우도 적지 않다.

또한 약간의 구조가 달라도 허용농도가 현저히 다른 것(예 : benzene과 toluene)도 있으므로 반드시 생물학적 검정이 필요하다. 그 방법으로서 특히 정하여진 절대적인 방법은 없지만 보통 동물실험에 의한 독성의 평가를 행한다.

1.2 유해성 물질의 생리작용

1) 장해성

유해물질의 인체에 미치는 작용에는 피부 또는 점막에 부착하여 국소적인 장해를 일으키는 경우와, 체내에 흡입 또는 흡수되어 전신적인 장해를 일으키는 경우가 있으며, 그 증상이 나타나는 방법은 인체에 접촉 또는 흡입, 흡수의 경로, 작용물질의 성상, 물질량(농도)과 폭로시간 등에 따라 여러 가지이다.

산업현장에서 취급하고 있는 유해성 물질의 종류는 매우 많은데, 이를 인체장해의 증상에 의해 구분하여 보면 일반적으로 피부 장해성, 점막 자극성, 폐 장해성(진폐증). 질식성, 마취성, 중독성, 발암성, 알레르기성 등이 있다.

특히, 중독성 물질에 대해서는 체내에서의 주요한 독성에 따라 신경 장해성, 간장 장해성, 신장 장해성, 뼈 장해성 등으로 나누어지고 혹은 심장 장해성, 위장 장해성, 순환기능 장해성, 대사 장해성을 추가하는 것도 있다.

2) 작용경로

유해성 물질은 눈, 코, 목구멍의 점막 및 피부에 부착하여 국소적인 유해작용을 나타내는 것 이외에, 호흡 기도의 점막에 부착하여 장해를 나타내고, 폐 내에 침착(沈着)하여 조직변화를 초래하고 또는 체내에 흡수되어 특정의 독성을 나타낸다.

유해성 물질이 여러 경로를 통하여 체내에 침입하여 여러 독작용에 의해 나쁜 영향을 주는 관계는 그림 11-1과 같이 나타낼 수 있으며, 이와 같은 중독성 물질의 체내로의 침입경로는 일반적으로 다음과 같이 나누어 생각할 수 있다.

(1) 호흡기를 통한 침입[侵入]

가스, 증기 또는 에어로졸(dust, fume, mist, smog)의 상태로 공기 중에 존재하는 유해성 물질은 원래 사람의 호흡에 의해 흡입되어 기관, 기관지 및 폐포에 장해를 주는 것 이외에, 폐포에서부터 모세혈관을 지나 혈액 중에 녹아 체내를 순환하여 특정의 장기나 조직에 작용한다. 유해성 물질의 작용이 가장 활발하게 작용되는 것은 호흡기로부터 침입하는 경우에 있어 직업성 중독 예의 약 90% 정도는 이러한 경로에 의해 발생하는 것이라고 말할 수 있다.

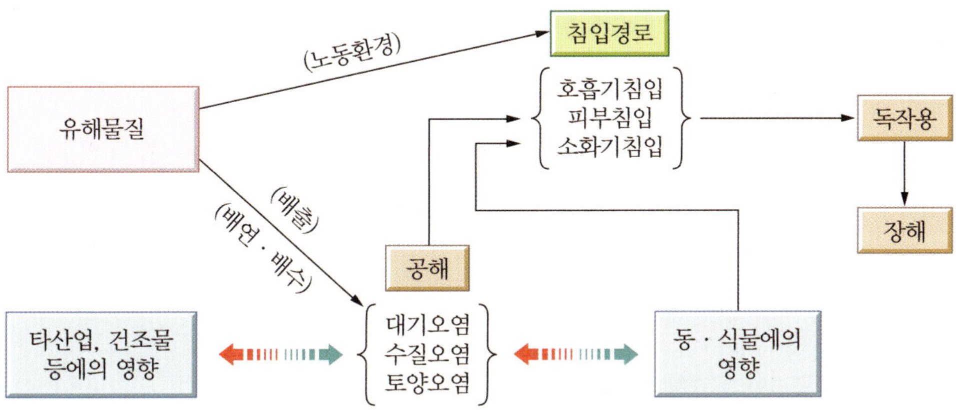

그림 11-1 유해성 물질의 체내로의 침입경로

(2) 피부를 통한 침입[侵入]

피부에 부착한 유해성 물질은 땀이나 피부의 지방 및 콜레스테롤에 녹아 국소의 피부장해를 가져올 뿐 아니라 체내에 흡수되어 중독 작용을 일으킨다. 또한 가스, 증기의 형태로 존재하는 유해성 물질은 피부 호흡에 의해 체내에 침입한다. 피부 호흡은 전체호흡의 약 1.5% 정도이지만 독성이 강한 물질의 경우에는 중독 발생이 하나의 경로로 된다.

피부를 통하여 침입한 유해물질은 혈액 중에 녹아 체내를 순환하여, 호흡기를 통하여 침입한 경우와 마찬가지 경우를 나타내지만 각각의 물질의 특성에 따라 침입의 정도가 다르다. 이와 같이 경피(硬皮)침입에 의해 중독을 일으키기 쉬운 물질의 대표적인 예로는 시안화수소, 알킬납, 아닐린, 파라치온 등이 알려져 있다.

(3) 소화기를 통한 침입[경구(經口)]

입으로부터 소화기 내로 침입한 유해성 물질은, 소화액에 녹인 것이 위장에서 흡수되고, 그 대부분은 먼저 간장에서 변성, 해독된 후 혈액 중에 들어가 체내를 순환한다. 이 때문에 동일한 물질에서도 소화기에서 흡수된 경우의 독성은 호흡기에서 흡수된 경우보다도 매우 적다. 일반적으로 소화기를 통하여 들어온 유해성 물질에 의한 직업성 중독의 발생 예는 적지만, 예를 들어 납 화합물과 같이 체내 축적성이 있는 중독성 물질에 대해서는 손가락 및 목구멍 내의 오염이 원인이 되어 소화기 내로 침입하여 온 경우의 독성도 무시될 수 없다.

3) 대기 중의 유해성 물질

산업현장에서 발생하는 유해성 물질에는 가스상(氣體)과 에어로졸상의 것이 있는데, 각각의 생성 및 분산의 상태에 따라 분류하여 정리하여 보면 표 11-1과 같다.

표 11-1 대기 중의 유해성 물질의 성상

구분	성 상	입자의 직경
gas	25℃, 1기압에서 기체의 물질	분자상
vapor	25℃, 1기압에서 액체 또는 고체의 표면에서 발생한 기체	분자상
mist	공기 중에 분산한 액체의 미립자	0.1～100μm
dust	공기 중에 분산한 고체의 미립자	0.1～100μm
fume	화학반응에 의해 무기성 가스 또는 금속 증기가 변화하여 생성한 미립자상의 화합물	0.01～1μm
smoke	유기물의 불완전 연소에 의해 생성한 미립자	0.01～1μm

1.2 유해성 물질의 인체에 대한 영향

인체에 대하여 유해한 염소(Cl_2), 일산화탄소(CO), 아황산가스(SO_2) 등의 가스(gas) 및 벤젠, 아닐린 등의 증기(vapor)와 같이 분자상(分子狀)으로 공기 중에 확산하는 물질은 앞에서 설명한 것처럼 피부나 호흡기를 통하여 쉽게 체내에 침입한다. 또한 납(Pb)이나 크롬(Cr) 등의 금속가루 및 알칼리 등의 mist는 공기 중에 분산하여 유해성의 가스 및 증기와 마찬가지로 흡입을 통하여 체내에 침입한다. 그러나 분진(dust)이나 증기(vapor)를 발생하지 않는 고체 및 액체는 직접 인체의 피부에 접촉하거나 입을 통하여 먹거나 마시는 등으로 체내에 침입한다. 이와 같은 침강경로에 의해 체내로 들어간 유해성 물질에 의한 건강 장해에 대하여 간략히 다루어 보고자 한다.

1) 유해성 물질에 의한 장해

유해성 물질에 의한 장해를 기관(器官)별로 나누어 다음과 같이 분류하여 볼 수 있다.

(1) 질식

① 산소 결핍 또는 단순 질식 : 공기 중에 이산화탄소, 메탄, 질소 등이 증가하면 체내에 있는 산소가 부족하여 질식을 일으킨다.

② 폐색성(閉塞性)질식 : 염소, 암모니아, 이산화황 등을 고농도로 흡입하면 기관의 점막을 강하게 자극하여 분비물이 생성되어 기관을 막게 하여 질식한다.

③ 화학성 질식 : 일산화탄소(CO)의 경우, 적혈구의 헤모글로빈과 강하게 결합하여 헤모글로빈과 산소의 결합을 저해하여 조직에의 산소 공급을 못하게 하여 질식시킨다. 또한 시안화수소(HCN), 황화수소(H_2S) 등은 조직세포의 효소에 작용하여 세포가 혈액으로부터 받는 것을 방해하기 때문에 질식한다.

(2) 눈 장해

눈의 국소 장해는 산·알칼리류(類)에 의한 것이 많은데 발적(發赤), 유루(流涙), 결막염(結膜炎) 등을 들 수 있다. 또한, 화학물질에 의한 전신 중독의 한 증상으로서의 눈 장해는 이황화탄소에 의한 시야가 좁아지거나 시력장해, 시(視)신경염, 망막의 미세동맥의 변화 등이 있고, 일산화탄소에 의한 만성 축성시속염(軸性視束炎), 유기수은에 의한 중심성 시야(中心性 視野)협색증, 염화메틸, 브롬화메틸 등에 의한 시신경염(視神經炎) 등이 알려져 있다.

(3) 구강 장해

자극성의 가스, fume, 분진(산, 알칼리)에 의해 구강 점막 및 치아에 손상을 입는다. 산류(酸類)에 의한 치아산식증(齒牙酸蝕症), 납에 의한 잇몸의 암청자색의 점상침의한 치경부(齒經部)의 황색띠, 수은·세렌·불소 등에 의한 전신성 중독의 한 증상으로서의 구강 장해 등이 알려져 있다.

(4) 이빈후(귀, 코, 목) 장해

크롬산, 생석회, 인등 부식성이 강한 화학물질에 대한 장기폭로는 코 점막이 뚫리거나 궤양을 일으켜 비중격천공(鼻中隔天孔)을 일으켜 비출혈(鼻出血), 건조성 비염증상을 띤다.

(5) 호흡기(呼吸器) 등의 장해

암모니아, 이산화황, 포름알데히드, 초산메틸, 세렌화수소, 스틸렌 등은 상부기도(上部氣道)를 자극하고 염소, 포스겐, 산화질소, 무수황산, 오존, 브롬, 불소, 황산디메틸 등은 폐조직을 자극한다. 또한 니켈염류(鹽類), 베릴리움, 바나듐, 카드늄, 산화철, 비소 등의 금속화합물은 폐렴을 일으킨다. 이외에 광물성 분진 및 면진(綿塵) 등에 의해 진폐증(塵肺症)을, 또한 석면(石綿), 크롬산 등은 폐암의 원인이 된다.

(6) 혈액계장해

납은 조혈(造血) 장기에 침입하여 빈혈을 일으킨다. Benzene은 조혈 장기에 침입하여 적혈구를 감소시키고, 빈혈 및 백혈병의 원인이 된다. 또한 방향족의 니트로 및 아미노 화합물도 빈혈을 일으킨다.

(7) 정신 · 신경계 장해

유기 용제에는 마취 작용이 있고, 이산화탄소는 급성 중독으로는 마취작용을 나타내고, 아(亞)급성 중독으로는 두통, 불면 등의 정신증상을 나타내어 다발성 신경염, 축성 시신경염(軸性 視神經炎)이 일어난다. 또한 트리클로로에틸렌, 헥산 등의 유기용제의 고농도 폭로에서는 말초신경염, 말초신경마비가 일어난다. 그 외에 정신 · 신경계 증상을 나타내는 화학물질로서는 일산화탄소, 사염화탄소, 유기수은, 유기납, 니켈카보닐, 비소, 망간, 주석화합물 등이 있다.

(8) 간 장해

알코올, 할로겐화 탄화수소류, 유기금속화합물, 염료중간체 등 많은 화학물질에 의한 중독으로서 간(肝) 장해를 나타낸다. 또한 염화비닐에 의한 간혈관 육종(肉腫)의 발생도 알려지고 있다.

(9) 기타

니트로글리콜에 의한 순환기 계통 장해(급격한 협심증상 발작), 카드뮴, 납, 주석, 수은 등의 금속에 의한 소화기 장해(복통, 설사, 변비), 니트로글리콜 · 사염화탄소 · 기타의 지방족 할로겐 탄화수소 등에 의한 중독 증상인 경우에 볼 수 있는 혈뇨(血尿), 카드뮴에 의한 신장 장해, 황린에 의한 턱뼈의 장해, 염화비닐에 의한 손끝 뼈의 용해증, 폴리아민류에 의한 피부 장해 등이 알려져 있다.

2) 독물 및 극물의 독작용

독물(毒物) 및 극물(劇物)에 의한 독성 및 극성의 정의는 매우 곤란하지만 일반적으로 동물의 치사량을 기준으로 정하여지는데 대체적으로 동물의 체중 1 kg당의 경구적 치사량(經口的 致死量)이 30 mg 이하의 것을 독물이라 한다. 만약, 경구적 치사량이 분명하지 않은 것은 피하주사(皮下注射) 치사량이 20 mg 이하이거나 또는 정맥주사(靜脈注射) 치사량이 10 mg 정도 이하의 것을 독물로 하고 있다. 따라서 성인의 평균 체중을 60 kg으로 하면 경구적 치사량이 1.8 g 이하의 것이 독물이 된다.

마찬가지로 극물의 경우는 동물의 체중 1 kg 당의 경적 치사량이 300 mg 이하의 것 또는 피하주사 치사량 200 mg 또는 정맥주사 치사량 100 mg 이하의 것을 기준으로 하고 있다.

독물 및 극물은 사람이나 동물의 국부에 대하여 강렬하게 작용하든가, 육체에 흡수되어 여러 기관(器官)에 작용하든가, 또는 이들 양자에 의해 생활체(生活體)에 위해를 주는 것인데, 이들의 작용을 대별하여 보면 다음과 같다.

① 접촉한 국소(局所)에 작용하고 응고, 붕괴 또는 괴저(愧沮)를 일으키는 것
→ 황산, 염산, 질산, 석탄산 등의 부식성 산류(酸類)와 수산화나트륨, 암모니아수 등의 부식성 알칼리(alkali) 및 수은, 은, 구리, 아연 등의 염류 등이 속한다.

② 주로 체내에 흡수되어 생활 세포의 원형질을 침해하고, 산소공급을 막고, 대사작용에 장해를 일으키고, 여러 종류의 기관에 지방(脂肪) 변성을 일으키는 것
→ 황린, 비소 화합물, 안티몬 화합물, 납 화합물 등이 속한다.

③ 혈색소를 용해하거나, methemoglobin (MHb)로 하거나, 혹은 결합력이 강한 헤모글로빈 결합체를 만들어 산소의 공급을 불충분하게 하는 것
→ 시안화화합물, 염소산염류, 니트로벤졸 등이 속한다.

④ 체내에 흡수되어 주로 중추 신경과 심장을 침해하는 것
→ methyl alcohol, sulfonal, chloroform 등이 속한다.

이들의 독작용은 사고 혹은 실수로 먹음에 따라 일시에 다량으로 들어간 경우에는 급성중독을 일으키고, 소량씩 장기간에 걸쳐 체내에 흡수된 경우에는 만성 중독을 일으킨다.

2. 유해물질의 보호장구

2.1 유해 · 위험물질 취급시 보호구 구비요건

1) 보호구 구비요건

① 착용이 간편할 것
② 작업에 방해가 안 되도록 할 것
③ 유해 · 위험요소에 대한 방호성능이 충분할 것
④ 재료의 품질이 양호할 것
⑤ 겉모양과 보기 좋을 것

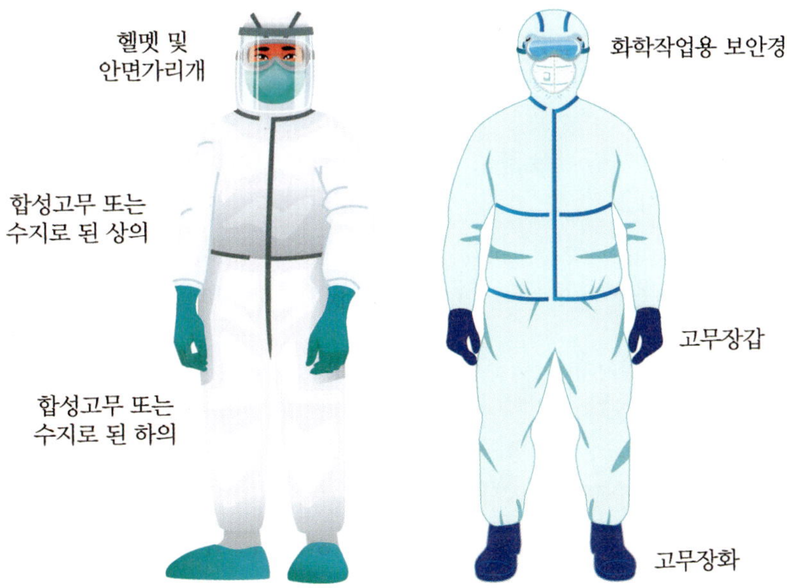

그림 11-2 보호장비

2.2 유해 · 위험물질 취급 시 보호구 착용 응급조치 사례

기초화학 제품 등으로 여러 분야에 다용도로 사용되는 가성소다의 취급 시 보호구 착용 사례에 대해서 알아보고자 한다.

1) 보호장비

① 기본적인 보호장비
 ㉠ 화학제품 취급자를 위한 안전안경
 ㉡ 넓은 테가 있는 헬멧
 ㉢ 고무장갑 : 가성소다에 오염될 위험성의 정도에 따라 기본적인 보호장비 외에 안면가리개(Face Shield), 합성고무 또는 합성수지로 된 의복, 고무장화장비를 필요로 한다.

그림 11-3 안면가리개(Face Shield, 화학작업용 안전안경과 병용)

2) 응급처치 설치

세안용 분수(Eye Washer)시설과 안전샤워 시설은 가성소다를 취급하는 모든 공장이 꼭 갖추어야 하는 필수적인 안전관리시설이다.

3) 사고발생시의 대처 방법

가성소다가 몸의 어느 부분에 묻었을 경우 반드시 다량의 흐르는 물로 즉시 씻어내야 하고 응급조치 후 가능한 빨리 의사의 치료를 받아야 한다.

① 눈에 들어가는 경우

가성소다가 눈에 들어갔을 경우에는 10초 이내에 응급처치를 해야 하며, 응급시간이 지연되면 영원한 불치의 손상을 가져오게 된다.

세안용 분수와 안전샤워는 가장 중요한 안전시설이다. 이상 유무를 정기적으로 확인, 점검하여야 한다. 또한 모든 관계자들은 안전샤워와 세안용 분수시설의 사용법을 숙지하고 있는가를 정기적으로 점검받아야 한다.

그림 11-4 안전샤워 및 세안용 분수

② 부분적인 오염

손과 같은 신체의 일부분에 가성소다가 부분적으로 오염되었을 경우에는 미끈미끈한 느낌이 완전히 없어질 때까지 물로 충분히 씻어 낸다.

그림 11-5 부분적 오염

③ 전신적인 오염

안전샤워를 사용하여 최소한 15분간 환부(오염부분)를 충분한 양의 물로 씻어야 내어야 한다. 샤워를 하면서 옷을 벗고 최초에 안전안경을 벗으면 가성소다가 눈으로 들어갈 위험이 있으므로 눈을 감은 상태로 옷을 벗고 그 다음에 물로 씻어 내야 한다.

그림 11-6 전신적 오염

④ 오염된 의류

가성소다에 오염된 옷은 벗어서 가성소다를 완전히 제거한 후 사용하고 오염된 신발은 폐기시키는 것이 좋다.

⑤ 가성소다가 체내에 들어간 경우(마시거나 흡입한 경우)

곧바로 다량의 물을 마시게 해야 하며 그 외 우유, 묽은 식초, 귤, 주스 또는 다른 음료를 섭취하기도 한다. 토하게 해서는 안 되며 의사의 도움을 즉각 요청한다.

Chap 12
건설안전

1. 건설 중대재해 발생동향 분석
2. 건설현장 주요재해 요인
3. 안전대

1. 건설 중대재해 발생동향 분석

1) 발생형태별

전체 중대재해 중 추락이 절반 정도인 46%를 차지하고, 다음으로 감전(13%), 붕괴(11%), 협착(10%) 순으로 발생하였다. 제조업의 추락 재해비율은 20% 정도로서 건설공사의 특성상 대부분이 고소 작업임을 단적으로 보여주는 예라 할 수 있다.

표 12-1 발생형태별 현황(단위 : 건, %)

계	추락	낙하	붕괴	감전	충돌	협착	전도	기타
510 (100)	236 (46)	45 (9)	56 (11)	64 (13)	27 (5)	50 (10)	10 (2)	22 (4)

* 1996년 중대재해 510건 분석결과 : 한국산업안전공단자료

2) 공사종류별

아파트 등 주거용 건축이 전체 중대재해 중 21.2%로 가장 많고, 다음으로 공장・플랜트가 18.6%로서 공장・플랜트가 중대 재해발생 비율이 높음을 알 수 있다.

표 12-2 공사 종류별 현황(단위 : 건, %)

계	건축						토목					채석공사	전기공사	기타
	소계	APT 주택	빌딩	플랜트	병원	기타	소계	지하철	도로	상하수도	기타			
510 (100)	338 (66.2)	108 (21.2)	79 (15.5)	95 (18.6)	35 (6.9)	21 (4.1)	99 (19.5)	16 (3.1)	24 (4.7)	16 (3.1)	43 (8.5)	5 (1.0)	46 (9.0)	22 (4.3)

3) 공사규모별

공사금액이 20억 미만 현장에서 전체 사망재해의 37.8%가 발생하였으며 건설물량

이 전체의 22.5%를 차지하는 것을 고려할 때, 중·소규모 건설업체에서 수행하는 건설공사 안전관리자가 대규모 현장에 비해 상대적으로 열악함을 보여준다.

반면, 100억원 이상 현장의 건설물량이 전체 건설물량 중 51%를 차지하고 있으나 사망재해는 46.3%가 발생하여, 대형 현장의 특성 및 공사위험도 등을 고려할 때 중소규모 영세업체에 비해 상대적으로 안전관리가 잘 되고 있는 것으로 분석된다.

4) 기인물별

추락재해의 기인물인 비계발판·개구부·구조물이 256건으로 50%를 차지하여, 추락재해방지를 위한 비계발판 등 가 시설의 안전성 확보가 시급히 요구되는 것으로 분석된다. 또한 이동식크레인 등 건설기계장비도 99건으로 전체의 1/5을 차지하여 건설장비 사용 증가추세를 보여주고 있다.

특히, 이들 비계발판 등 가시설에 기인한 재해 중 37.9%가 설치불량(16.1%)보다는 아예 설치하지 않아 발생되고 있는 것으로 분석되고 있다.

표 12-3 기인물별 현황(단위 : 건, %)

계	비계 발판	자재 및 물질류	개구부	구조물	차량계 및 건설기계	리프트 및 인양기계	전기 기구	환경 및 폭발물	기타
510 (100)	125 (24.5)	67 (13.1)	59 (11.5)	72 (14.1)	54 (10.5)	45 (8.8)	68 (13.3)	16 (3.1)	4 (0.7)

5) 재해자 연령별

30대가 26.5%로 가장 많고, 다음으로 40대(25.2%), 50대(22.4%) 순으로 발생하였다. 최근 들어 40대 이상의 재해자 비율이 증가하고 있는 추세이다.

6) 재해자 직종별

목공이 97명으로 가장 많고, 다음으로 보통 인부(93명), 전공(59명), 비계공(44명) 순으로 발생하였다.

표 12-4 직종별 재해 현황(단위 : 건, %)

계	목공	보통인부	전공	비계공	잡철금속	용접공	콘크리트	중기공	기계설치	철근공	철골공	미장공	배관공
632 (100)	97 (15.3)	93 (14.7)	59 (9.3)	44 (7.0)	33 (5.2)	29 (4.6)	29 (4.6)	26 (4.1)	25 (4.0)	24 (3.8)	24 (3.8)	22 (3.5)	21 (3.3)
도장공	직원	차량운전	타일공	착암공	석공	방수공	닥트공	흄관매설	발파공	조적공	도배공	견출공	기타
18 (2.8)	13 (2.1)	8 (1.3)	8 (1.3)	7 (1.1)	6 (1.0)	6 (1.0)	4 (0.6)	4 (0.6)	4 (0.6)	4 (0.6)	3 (0.5)	2 (0.3)	19 (3.0)

2. 건설현장 주요재해 요인

1) 무리한 공기단축

조기준공을 요구하는 발주자와 시공자의 담합 또는 회기 내 예산집행의 강요로 인력의 합리적인 통제와 안전시설 및 점검을 철저히 기할 수 없다.

2) 하도급으로 인한 안전관리의 불충분

건설현장의 안전관리 책임은 전적으로 원청회사에서만 부담하는 경향이 있어 실지 근로자를 관리 감독하는 하도급 업체에서는 영세성으로 안전관리에 비협조적인 실정으로 원·하도급간의 체계적인 안전관리가 필요하다.

3) 단기 고용근로자에 대한 안전교육 미흡

재해 원인을 분석해 보면 건설재해자의 경우 안전교육 미흡으로 인한 원인이 많은 부분을 차지하고 있는데, 이는 대부분이 일용직인 건설근로자에게는 안전교육의 기회가 거의 주어지지 않고 있음을 의미하고 있다.

4) 공사설계자의 가설자재에 대한 인식부족

건설작업시 비계·동바리 등 가설기자재에 기인되어 재해가 많이 발생하고 구조적인 검토 없이 경험적 방법에 의존하는 경우가 허다하여 가설 기자재에 의한 재해의 발생이 빈발하고 있다.

5) 건설기계의 안전관리 미흡

건설기계의 사용도에 비해 면허체계의 미확립과 건설장비의 무면허 취급 및 건설기계의 임대로 인해 현장책임자와 임대책임자 양쪽으로부터 통제를 받지 않는 안전관리 사각지대가 되고 있다.

6) 기타

① 건설업체경영자의 안전의식 결여
③ 건설근로자의 고령화와 안전의식 부족
④ 계절별 공사 집중화
④ 노·사·정 관계자의 준법정신 결여
⑤ 건설물량증가로 인한 기능인력의 부족
⑥ 사업주의 재해예방 시설투자 미흡
⑦ 근로자를 포함한 건설공사 관계자의 법 준수 풍토 미흡
⑧ 원청회사와 협력업체간의 유기적인 안전관리체계 미흡

3. 안전대

3.1 안전대

높이가 2 m 이상으로 추락의 위험이 예상되는 장소에 대해서는 안전대의 사용을 의무화하고, 아래와 같은 추락의 위험이 있는 장소에서는 안전띠의 사용을 올바르게 사용해야 한다.

① 작업상(폭 400 mm 이상)이 없는 장소
② 작업상이 있더라도 손잡이가 없는 장소
③ 손잡이에서 몸을 내밀고 작업하는 장소

이를 위해서 사전에 충분한 교육을 한 후 설치해야만 한다.

1) 안전띠의 종류

안전띠의 종류로는 벨트 상태, 보조후크의 상태, 안전띠의 사용조건 등에 의해서 몇 가지 종류로 대별되고 있으므로 사용목적을 고려하여 적절한 것을 선택한다.

2) 각 부위의 구조 기준

안전띠의 각 부위에 대한 구조기준은 관계 규격에 적합해야 한다.

3) 강도

각 부위에 대한 강도에 대해서는 규정된 시험에 합격된 것으로 규정된 성능을 갖춘 것이라야 한다.

4) 안전띠의 사용

안전띠의 사용에 있어서는

① 로프의 경화, 현저한 변색, 결합부분의 결함, 로프의 외관 조사, 연결고리의 손상 등의 유무
② 벨트의 손상, 소손(燒損), 연결고리의 고장과 변형 등에 대한 점검이 필요하다.

5) 안전띠 등의 부착

안전띠를 사용할 경우에는 부착설비가 완전하면서도 안전한 설비를 이용하여야 한다. 그러기 위해서는 다음과 같은 조건의 상태를 확인하는 것이 좋다.

① 건조 중의 구조체를 이용할 것
② 전용의 부착용 금구를 사용할 것
③ 친망(親網)을 설치할 것 등이 있다.

3.2 방호망

고소작업자가 안전한 작업환경을 만들기 위해서 안전망(safety net)을 설치해야 한다. 안전망의 설치방법은 다음과 같다.

① 안전망의 명칭 및 강도를 확인한다.
② 안전망의 설치폭을 확인한다.
추락의 위험이 있는 곳에서는 개구부, 작업상의 끝 쪽 및 처지는 상태 등을 고려해서 설치하여야 한다. 건축공사 등의 공사현장 주위라든가 그 밖의 낙하물에 의한 위험방지상 필요부분은 철망 또는 범포(帆布)로 덮어준다.
③ 안전망의 설치위치 및 설치방법에 따라 효과가 달라지며, 안전망의 사용 및 관리기준에도 주의한다.
④ 안전망을 고정시키는 방법에 대하여 숙지한다.
⑤ 범포(sheet)를 이용할 경우 풍・압력에 견딜 수 있는 구조로 한다.

Chap 13

기계설비의 위험

1. 기계설비의 위험성
2. 위험요소의 분류
3. 기계설비 위험성과 방호

1. 기계설비의 위험성

기계는 대단히 많은 종류가 있으며 또한 계속하여 새로운 기계가 출현하고 있다. 그리고 이러한 기계들은 각각 기능과 용도가 다르고 모양도 다르지만 대부분의 기계설비는 원동기, 동력전달장치, 작업점 및 부속장치로 구성되어 있으며, 이들은 원칙적으로 몇 가지 기본운동 및 동작형태로 에너지를 전달하여 소정의 작업을 하게 된다. 기계설비의 운동 및 동작 형태를 기준으로 위험을 분류하면 다음과 같다.

1) 회전동작(Rotating motion)

플라이휠, 팬, 풀리, 축 등과 같이 회전운동 부위

2) 횡축동작(Rectilinear motion)

고정부 사이에 위험이 형성되며 작업점과 기계적 결합부분

3) 왕복 동작(Reciprocating)

운동부(전후, 좌우운동)와 고정부 사이

4) 기타

(1) 진동 : 가공품이나 기계부품의 진동에 의한 위험
(2) 가공 중인 소재 : 가공 중인 소재의 돌출 및 회전 가공물에 말릴 위험
(3) 기계 부품, 부착공구, 지그(Jig) 등의 돌출
(4) 가공 결함 : 열처리, 용접불량, 가공불량 등에 의한 기계파손 위험
(5) 비 기계적 위험
　① 전기(정전기 포함)

② 이온화 방사선
   ㉠ 방사선원에서의 방사
   ㉡ 방사선 기구
   ㉢ 정전기 제거장치
   ㉣ 두께 측정장치
③ 비이온화 방사선
   ㉠ 고주파, 마이크로파
   ㉡ 자외선
   ㉢ 레이저광선
④ 화학물질
⑤ 초음파, 진동
⑥ 고압, 진공
⑦ 고온, 저온
⑧ 분진

2. 위험요소의 분류

기계요소에 의해서 사람이 어떻게 상해를 입느냐를 기준으로 분류하는 방법에 의해 위험요소를 분류하고 점검해야 할 사항을 열거하면 다음과 같다.

1) 1요소(함정 : Trap)

기계의 운동에 의해서 트랩점(Trapping point)이 발생할 가능성이 있는가?

① 닙점(in-running nip point) 등의 트랩에 끼어드는 곳이 없는가?
② 닫힘 운동이나 이송운동에 의해서 쉽게 트랩 되는 곳이 있는가?

(a) 닫힘 운동 (b) 회전이송운동 (c) 닙(Nip)점

그림 13-1 함정(Trap)

2) 2요소(충격 : Impact)

① 고정된 물체에 사람이 이동 충돌
② 움직이는 물체가 작업자에 충격을 주는 충돌
③ 사람과 물체가 상호움직임 상태에서 쌍방충돌

그림 13-2 충격(Impact)

3) 3요소(접촉 : Contact)

날카롭거나 뜨겁거나, 차갑거나 또는 전류가 흐름으로써 접촉 시 상해가 일어날 요소들이 있는가?

그림 13-3 접촉(Contact)

4) 4요소(얽힘 또는 말림 : Entanglement)

작동 중인 기계설비에 말려 들어갈 가능성이 있는가?

그림 13-4 얽힘 또는 말림(Entanglement)

5) 5요소(튀어나옴 : Ejection)

기계요소와 피가공재가 기계로부터 튀어나올 위험이 있는가?

그림 13-5 튀어나옴(Ejection)

> **Point**
> 사고는 일반적으로 위에서 나열한 것들 중 2개 이상의 조합으로 인하여 발생된다.

3. 기계설비 위험성과 방호

3.1 상처종류 및 부위

기계설비에 의하여 재해를 입는 경우 대개 표 13-1과 같으며, 상해종류별 분포도를 그림으로 보면 그림 13-6과 같다.

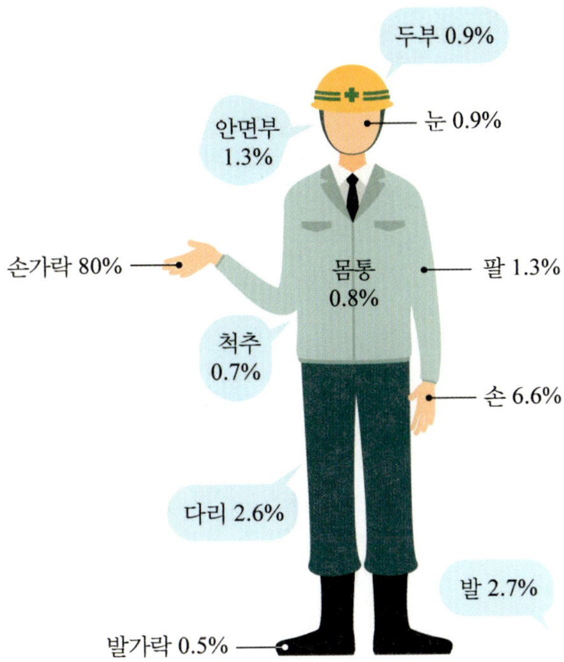

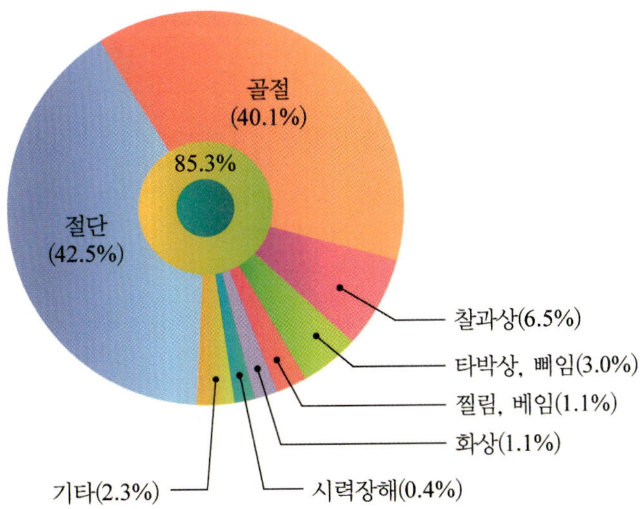

그림 13-6 상해종류별 분포도(위험기계재해)

표 13-1 상처종류 및 부위

위험기계	상해 종류 및 부위
프레스	「손가락 절단」이 전체의 54.2%, 「손가락 골절」은 31.6%로서 대부분의 상해 형태를 차지하고 있음. 「손가락의 타박상이나 찰과상」도 4.5%가 되고 있으며, 「손의 골절 또는 절단」도 3.6%를 나타내고 있음.
로울러기	손가락에 「골절」을 당한 경우가 전체의 41.2%로서 가장 많고, 「절단」된 상해가 25.9%, 「찰과상」이 5.6%가 되고 있음.
연삭기	손가락에 「골절」이 24.1%, 「절단」은 10.3%를 차지하고 있으며 「찰과상」은 8.6%를 나타내고 있음.
둥근톱	손가락의 「절단」이 33.8%로 가장 많고, 「골절」은 29.3%가 되고 있으며, 「찰과상」은 9.8%가 되고 있음.
크레인	골절상해가 대부분으로 「발」이 25.6%, 「발가락」이 7.8%를 차지하고 있으며, 「척추」 부위도 6.7%를 나타내고 있음. 손가락이 「절단」된 경우는 11.1%가 되고 있음.

3.2 기계 설비의 위험성

생산을 위하여 가동회로 기계설비는 원칙적으로 많은 운동부를 갖고 있어 기계에 말려들거나 협착, 충돌 비산 등에 의한 재해 발생의 가능성이 항상 내재되어 있다. 기계적인 작업과 동작은 그 자체가 위험하며, 운동 및 동작의 형태를 기준으로 위험을 분류하면 그림 13-7과 같다.

(a) 회전운동 및 동작

(b) 횡축운동 및 동작

(c) 왕복운동 및 동작

그림 13-7 운동 및 동작형태

1) 회전동작(Rotation Motion)

플라이휠, 펜, 폴리, 축 등과 같이 회전운동을 하는 부위는 다음과 같은 위험성이 상존한다.

① 접촉 및 말려듦
② 고정부와 회전부 사이에의 끼임, 협착, 트랩형성
③ 회전체 동작

2) 횡축동작(Rectilineal Motion)

운동부와 고정부 사이에 위험이 형성되며 작업점과 기계적 결합부분에 위험이 상존한다.

3) 왕복동작(Reciprocation Motion)

운동부와 고정부 사이에 위험이 형성되며, 운동부 전후좌우 등에 적절한 안전조치가 필요하다. 예로서 프레스 및 세이퍼 등을 들 수 있다.

4) 기타

① 진동 : 가공품이나 기계부품에 의한 진동에 의한 위험
② 가공 중인 소재 : 특히 회전소재 가공 접촉 위험
③ 부착공구, 지그(Jig) 등의 이탈 : 작동 중인 기계에서 부착공구, 지그 등의 이탈에 의한 위험
④ 가공결합 : 열처리, 용접불량, 가공불량 등에 의한 기계파손 위험
⑤ 비기계적 위험 : X-선 등의 방사선, 자외선, 압력, 고온, 소음 등에 의한 위험

기계설비는 이와 같은 많은 위험요소를 갖고 있다. 따라서 기계설비의 운동부분에 대한 방호는 불안전한 행동에 기인한 재해방지가 가장 기본적인 대책이라고 할 수 있다. 전기 설비의 충전부위나 고열설비 등의 방호조치도 운동부위 방호와 유사한 접근이 가능하며 설계, 제작과정에서 예상치 못했던 많은 위험요소들이 실제 가동 중에 발

견되는 경우가 많으므로 지속적인 점검과 개선노력을 경주하며 안전성 확보뿐만 아니라 병행하여 생산성 저해 요소들을 해소해 나가는 것이 기계설비 안전의 근본적인 목표라고 볼 수 있다.

3.3 기계설비 위험 포인트

기계에 의해 발생되는 재해는 강도율이 높으며 원동기, 회전축, 치차, 폴리, 키, 벨트 등의 동력전달 장치, 기타 재료이송, 배급장치 및 부속 주변기기 등 위험점에 작업자가 노출되는 경우가 많아 이에 대한 체계적인 방호대책의 수립, 시행이 반드시 필요하다. 기계설비에 의해 형성되는 위험점을 다음 6가지로 분류할 수 있다.

1) 협착점(Squeeze-point)

왕복 운동하는 운동부와 고정부 사이에 형성되는 위험점을 말한다(그림 13-8). 사업장의 기계 설비에서 많이 볼 수 있으며, 이러한 위험점은 작업점이 지정되기도 한다(그림 13-9).

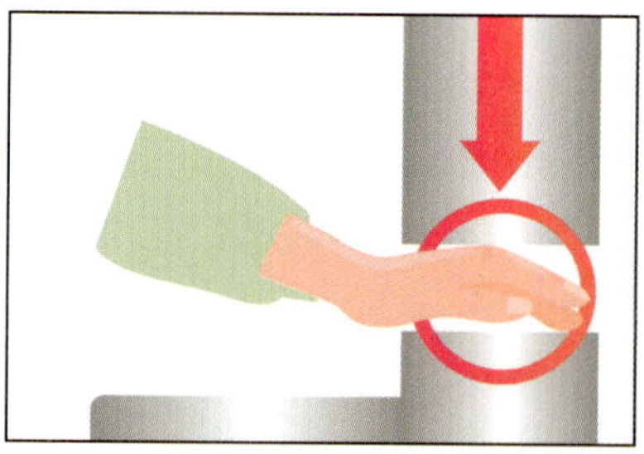

그림 13-8 협착위치

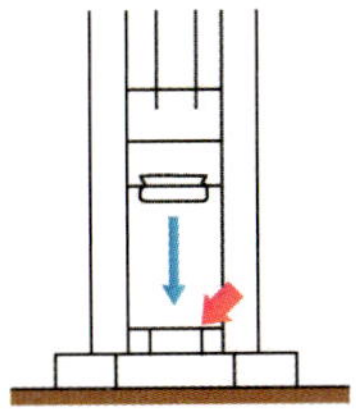

(a) 프레스 금형조립부위

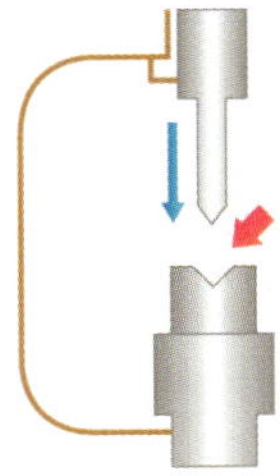

(b) 프레스브레이크 금형조립부위

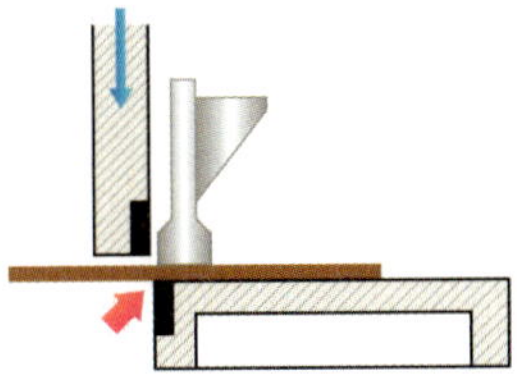

(c) 전단기 누름판 및 칼날부위

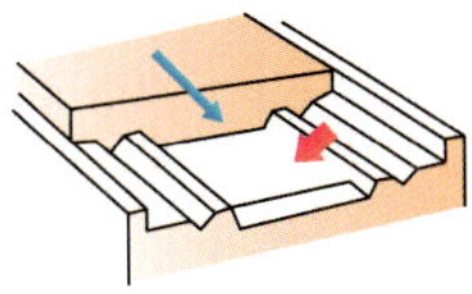

(d) 선반 및 평삭기 Bed 끝부분

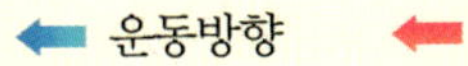

그림 13-9 협착 위험점의 예

2) 끼임점(Shear-point)

기계 비고정부분과 회전 또는 직선운동부분이 함께 형성하는 위험점을 말한다(그림 13-10). 이러한 것에는 연삭숫돌과 작업대, 교반기의 교반날개와 몸체사이, 반복동작되는 링크기구 등이 있다(그림 13-11).

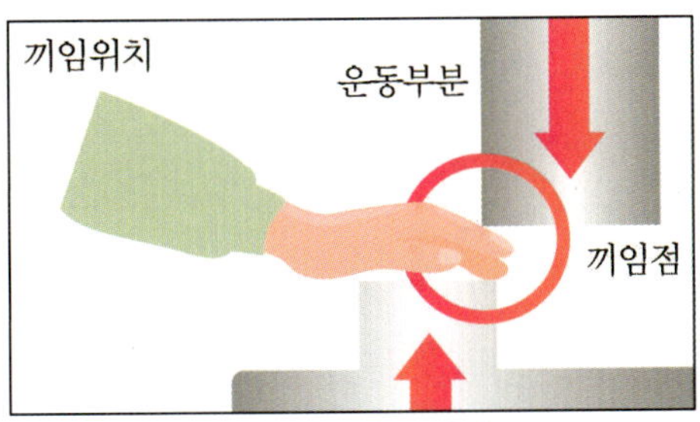

그림 13-10 전단위치

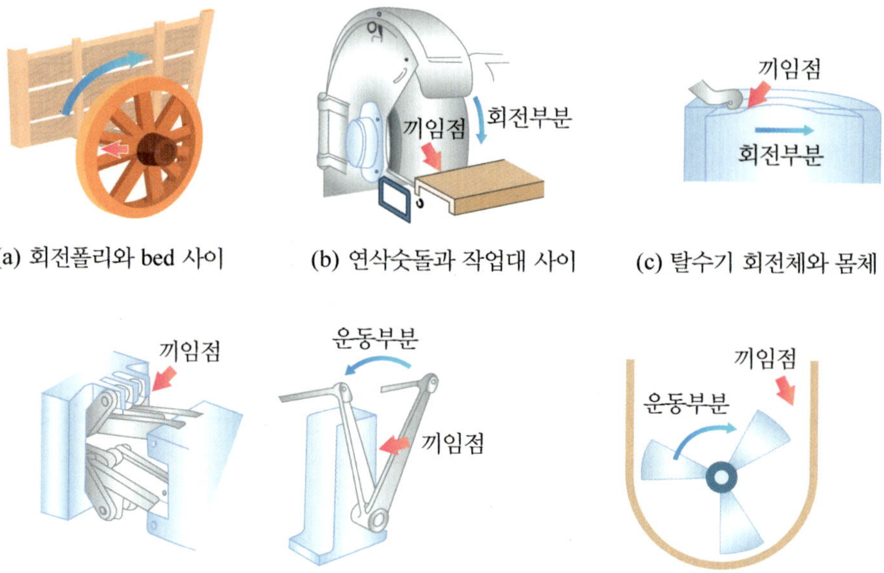

(a) 회전풀리와 bed 사이 (b) 연삭숫돌과 작업대 사이 (c) 탈수기 회전체와 몸체 사이

(d) 반복작동되는 링크기구 (e) 교반기 교반날개와 몸체 사이

그림 13-11 끼임점 형성 예

3) 절단점(Cutting-point)

절단점(Cutting-point)이란 운동부분과 고정부분이 만드는 위험점이 아니라 회전하는 운동부분 자체와 운동하는 기계 자체와의 위험이 형성되는 점을 말한다(그림 13-12). 일반적인 예로서 밀링컷터 동근톱날, 목공용 띠톱날부분 등이다(그림 13-13).

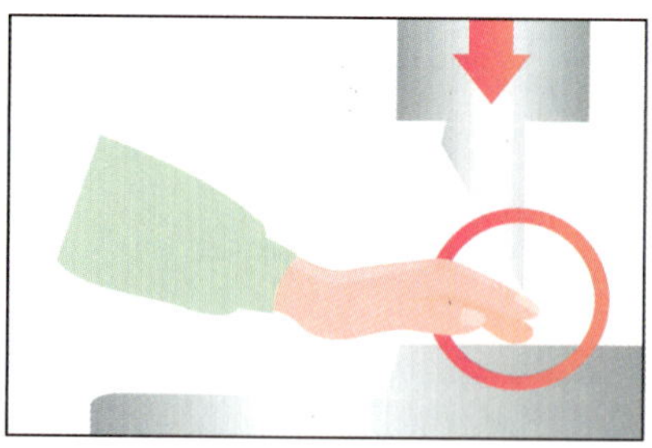

그림 13-12 절단위치

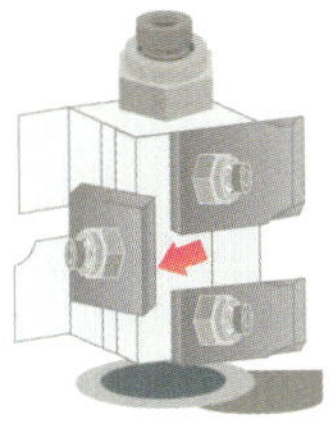

(a) 회전대패날 부분

(b) 밀링컷터 부분

(c) 둥근톱날 부분

(d) 목공용 띠톱 부분

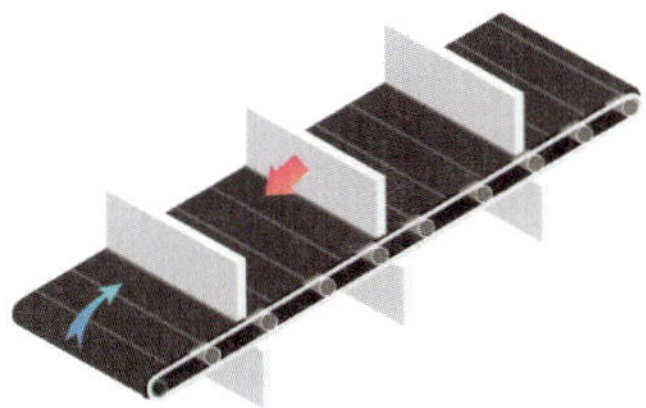

(e) 컨베이어의 호퍼 부분

(f) 평벨트 레이 이음 부분

그림 13-13 절단점의 예

4) 물림점(Nip-point)

물림점(Nip-point)이란 회전(回轉)하는 두 개의 회전축(回轉軸)에 물려 들어갈 위험성이 형성되는 것을 말한다(그림 13-14). 이때 위험점이 발생되는 조건은 회전체가 서로 반대방향으로 맞물려 회전되는 경우이며, 그 예로서 Gear물림, Roller 회전 등이 있다(그림 13-15).

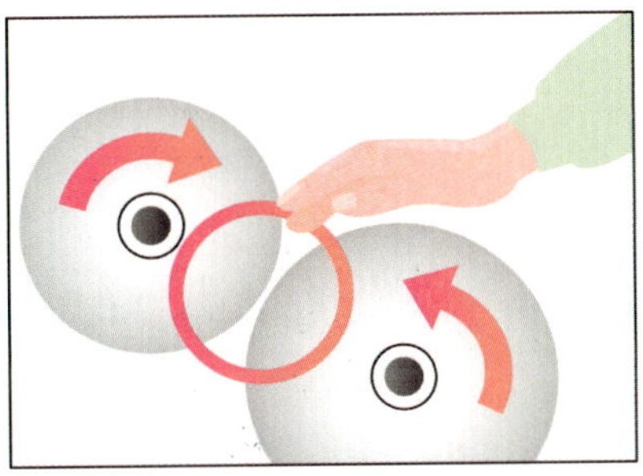

그림 13-14 물림위치

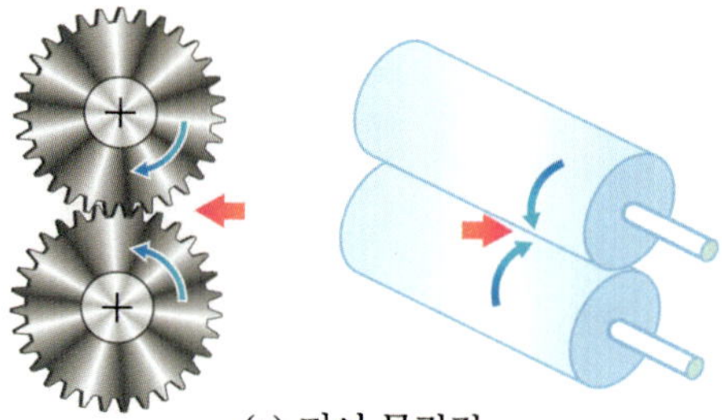

(a) 기어 물림점

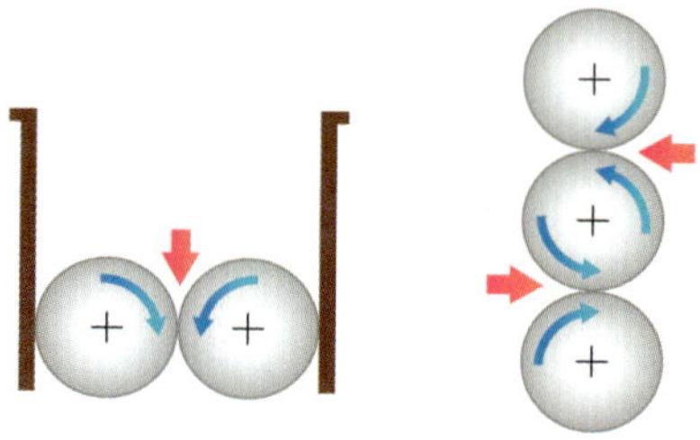

(b) 롤러회전에 의한 물림점 물림위치

운동방향 물림점

그림 13-15 물림점의 예

5) 접선 물림점(Tangential Nip-point)

접선 물림점(Tangential Nip-Point)란 화진(回轉)하는 분분이 접선 방향으로 물려 들어갈 위험이 형성되는 점을 말한다(그림 13-16). 예를 들면, V-폴리(V-Pully)와 V-벨트(V-Belt), 체인과 스포라켓 기어와 랙 Roller와 평벨트의 물림점이 이에 해당한다(그림 13-17).

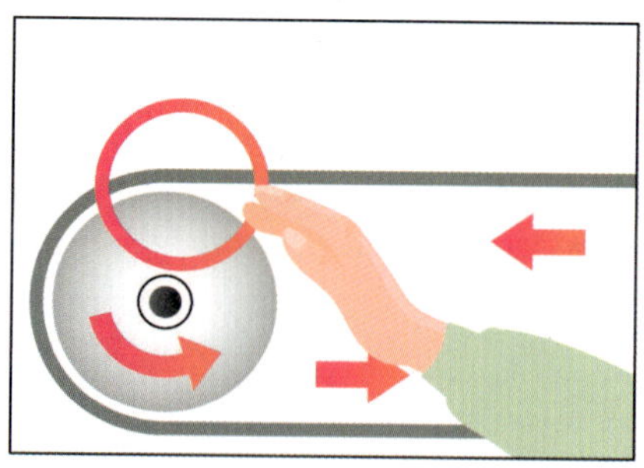

그림 13-16 접선물림

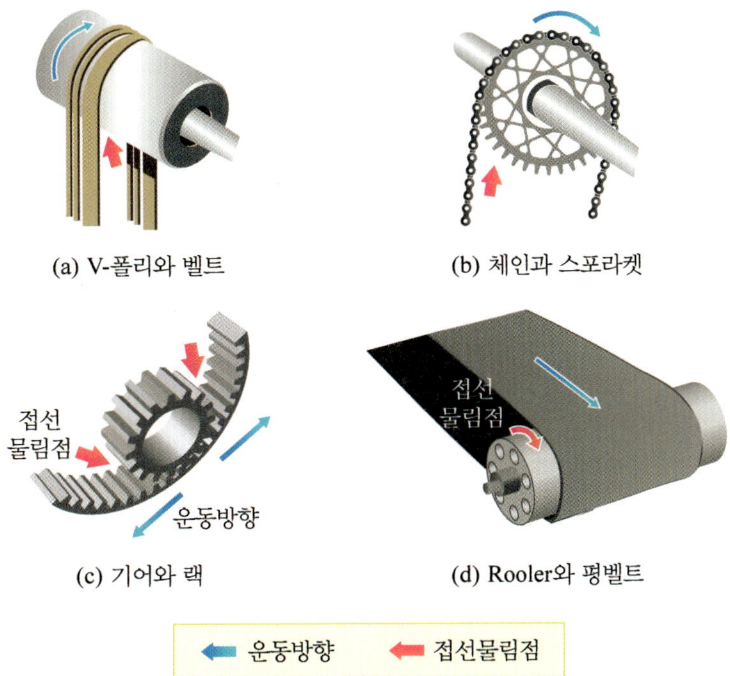

그림 13-17 접선 물림점의 예

6) 회전 말림점(Trapping-point)

회전(回轉)하는 물체의 길이, 굵기, 속도 등의 불규칙 부위와 돌기회전부위에 의해 장갑 및 작업복 등이 말려들 위험이 형성되는 점을 말한다(그림 13-18). 예를 들면, 회전 하는 축(Shaft), 커프링(Coupling), 회전하는 드릴축(軸), 드릴(Drill) 등이 이에 해당된다(그림 13-19).

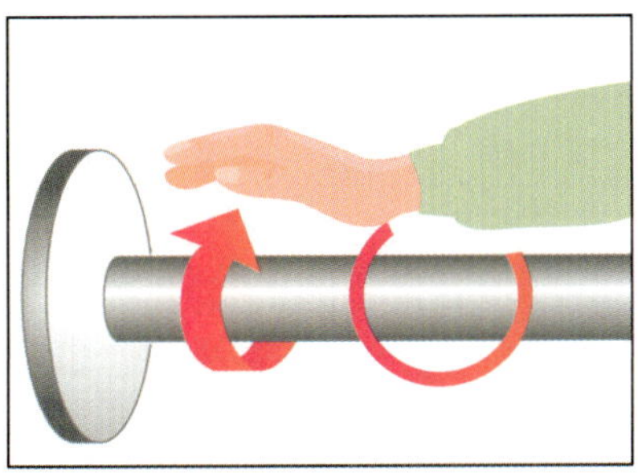

그림 13-18 회전말림장소

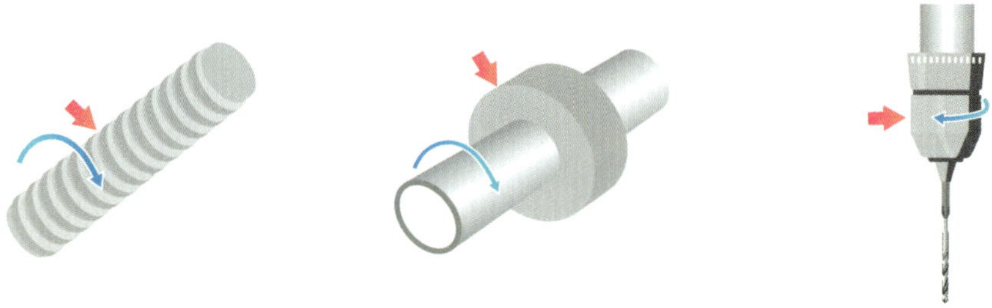

(a) 나사 회전부 (b) 기타 회전부 (c) 드릴기계

그림 13-19 회전말림점의 예

참고문헌

1. 西島茂一, これからの 安全管理 第4版
2. 대한 산업안전협회, 사업장 안전보건, 1998
3. 임현교, 안전색채 표준화 방안에 관한 연구, 충북대학교 산업과학기술 연구소, 1997
4. 조선일보 2000년 4월 20일
5. National Institute of Occupational Safety and Health (1986), Criteria for a recommended standard ... Occupational exposure to hot environments, revised criteria, 1986
6. Rasmussen, J. (1987). The definition of human error and a taxonomy for technical system design. In J. Rasmussen, K, Duncan, and J. Leplat(eds), New technologies and human error. New York : Wiley.
7. Kryter, K. (1983a). Presbycusis, sociocusis and nososusis. Journal of the Acoustical society of America, 73(6), 1897-1917.
8. Luckiesh, M.,and Moss, F. K. (1927-1932). The new science of seeing. In Interpreting the science of seeing into lighting practice, vol.1. Cleveland : General Electric Co.
9. RQQ. (1980) Selection of illuminance values for interior lighting design (RQQ Rept. 6) Journal Illuminating Engineering Society. 9(3), 188-190.
10. Springer, T. (1982). Visual display terminals : A comparative evaluation of alternatives. Bloomington. IL : State Farm Mutual Automobile Insurance Co.
11. Andersson, G., Murphy, R., and Ortengren, R., and Nachemson, A.(1979). The influence of backrest inclination and lumbar support on the lumbar lordosis in sitting. spine, 4, 52-58.
12. Bridger, R.(1988). Postural adaptations to a sloping chair and work surface. Human Factors, 30(2), 237-247.
13. Grandjean, E.(1988). Fitting the task to the man (4th ed.). London : Taylor & Francis.
14. Human Factors Society (1988). American national standard for human factors engineering of visual display terminal workstations (ANSI/HFS 100-1988). Santa Monica. Ca : Human Factors Society.
15. Kroemer, K. (1983) Engineering anthropometry : Work space and equipment to fit the user. In D. Oborne and M. Gruneberg, The physical environment at work. London Wiley.
16. Kroemer, K. (1989) engineering anthropometry. Ergonomics,, 32(7), 767-784
17. Lueder, R. (1986a). Work station design. In R. Luder(ed.)., The ergonomics payoff : designing the electronic office. Toronto, Ont., Canada : Holt, Rinehart & Winston.
18. Meyer, R. P. (1979). Articulated anthropometric modes. C P News (Newsletter of the consumer products Technical Group of the Human factors society), 4(2). Santa Monica. Ca : Human Factors Society.
19. North. K. (1980). Ergonomics methodology-An obstacle or promotor for the implemen-

tation of ergonomics in industrial practice? Ergonomics, 23(8). 781-795.
20. Tichauer. E. (1978). The biomechanical basis of ergonomics. New York : Wiley
21. Datta. S., and Raamanathan, N. (1971). ergonomics comparison of seven modes of carrying loads on the horizontal plane. Ergonomics, 14(2), 269-278
22. American Industrial Hygiene Association(AIHA) (1971). Ergonomic guide to assessment of metabolic and cardiac costs of physical work. Akron , OH : AIHA.
23. Steers, R. M., & Porter, L. W. (1974). The role of task-goal attributes in employee performance. Psychological Bulletin. 81, 434-452
24. Alderfer, C. P (1969) Effects of task factors on job attitudes and job behaviors. II. job enlargement and the organizational context. Personnel Psychology, 22, 418-426
25. Herzberg, F., Mausner, B., & Snyderman, B. B. (1959). The motivation to work, New York : Wiley.
26. Maslow, A. H. (1954). Motivation and personality. New York : Harper & Row
27. Maslow, A. H. (1970). Motivation and personality (2nd ed.). New York : Harper & Row.
28. Meister, D., "A critical Review of Human Performance Reliability predictive Methods," IEEETrans. Reliability, R-22(3), pp.116-123 (1973).
29. Swain, A, "Some Problems in the Measurement of Human Performance in man-machine system," Human factors, 6(6), pp. 687-700 (1964)
30. Swain, A "An Error-cause Removal Program for Industry," Human Factors, 15(3), pp.207-221 (1973)
31. 김두현 외 5, 전기안전공학, 동화기술, 1995
32. 박종권 외 5, '산업안전 보호장구', 동화기술, 1995
33. 도로교통안전관리공단, '통계자료', 1999
34. 김상철 "계통상태를 고려한 ELF 전자계 해석 및 인체안전평가", 공학박사 학위논문, 1997
35. 정국삼 외 1, '화학안전공학', 신광문화사, 2000
36. 정명진 외 5, '최신 기계안전공학', 동화기술, 1996
37. 한국산업안전공단 자료
38. 안전관리 포탈세이프티넷 자료
39. 안전저널 2014년 7월 9일
40. KOSHA 18001 자료
41. 안전저널 2014년 6월 18일
42. 조선일보 2014년 6월 3일
43. 안전보건(한국안전보건공단 2014년 9월호)
44. 안전기술(대한산업안전협회 2014년 10월, 12월호)
45. philsailer · lee (naver news)

찾아보기

타

파

하

ABC

· 김상철　세명대학교 보건안전학과
· 김두현　충북대학교 안전공학과

생활과 안전

정가 18,000원

발　행　2025년 3월 10일 3판 1쇄
저　자　김상철 · 김두현
발행인　정우용
발행처　도서출판 동화기술
경기도 파주시 광인사길 201(문발동, 파주출판도시)
Tel (031)955-4211~6　donghwapub@nate.com
Fax (031)955-4217　www.donghwapub.co.kr
(등록) 1977년 12월 19일/9-16호

ISBN 978-89-425-9646-1